玩转彩绘美甲全攻略

摩天文传　著

人民邮电出版社

北　京

图书在版编目（CIP）数据

玩转彩绘美甲全攻略 / 摩天文传著. -- 北京：人
民邮电出版社，2016.6
ISBN 978-7-115-42102-9

Ⅰ．①玩… Ⅱ．①摩… Ⅲ．①指（趾）甲—化妆—基
本知识 Ⅳ．①TS974.1

中国版本图书馆CIP数据核字(2016)第089947号

内 容 提 要

　　本书结合专业美甲师多年总结的经验和技巧，介绍了有效提升双手质感的修手方法，并讲解了8种创造百变美甲的运笔基础方法、13个玩转指甲油色彩的用色基础方案、16个根据场合变换的美甲方案、8个从整体提高存在感的化妆与美甲搭配术，以及16个让美甲成为穿搭亮点的配色技巧。书中部分案例有教学视频，读者可以更直观地学习美甲。本书除了对单一美甲款式进行详细的分步讲解，还给出了扩展方案，让读者融会贯通，从而创造出全新的美甲款式。本书为美甲初学者提供了有效的指导与帮助，可以使他们更快地掌握美甲的技法；本书为有一定美甲基础的人提供了专业而有建设性的建议，可以使他们更好地完善自己的美甲。

　　本书适合喜欢美甲、希望能给自己做美甲的人阅读。

◆ 著　　　　摩天文传
　　责任编辑　赵　迟
　　责任印制　陈　犇

◆ 人民邮电出版社出版发行　　北京市丰台区成寿寺路 11 号
　　邮编　100164　电子邮件　315@ptpress.com.cn
　　网址　http://www.ptpress.com.cn
　　北京顺诚彩色印刷有限公司印刷

◆ 开本：700×1000　1/16
　　印张：12
　　字数：505 千字　　　　　　　　2016 年 6 月第 1 版
　　印数：1 — 3 000 册　　　　　　2016 年 6 月北京第 1 次印刷

定价：49.00 元
读者服务热线：(010)81055410　印装质量热线：(010)81055316
反盗版热线：(010)81055315
广告经营许可证：京东工商广字第 8052 号

前 言

美甲新手的信心宣言

你是否想要自己来做美甲，却因高难度的步骤而却步？你是否认为自己的手指不似明星、模特那般美丽，因此羞于展示？你是否觉得根本没必要去做美甲……归根结底，多数问题是缺乏自信导致的，自信是美甲的第一步。当整洁而具有时尚感的指甲呈现在人们面前，自信便会从指尖延伸出来。

为初学者和美甲爱好者出谋划策

初学者需要通过更多的指导和点拨来学习美甲技巧，而有一定基础的美甲爱好者则需要通过一些更专业的意见来提高自己的美甲技能。本书融入了专业美甲师多年积累和总结的经验、技巧，如选择最适合自己的甲形的方法，使色彩搭配美观、和谐的方法……这些美甲建议可以帮助读者在美甲过程中创造出完美的指尖艺术。

从生疏到熟练的华丽转变

这本书从基本的技巧讲起，即使你对美甲涉猎不深，也能顺利入门。手法、图案、配色及搭配系统教学，可以让你实现对美甲技巧的掌握从生疏到熟练的惊人蜕变。本书除了对单一美甲款式进行了细化分步讲解之外，还呈现了举一反三的案例，让你融会贯通，从而创造出全新的美甲图案。

掌握媲美专业美甲师的技能

成为一名美甲师往往需要数年时间，而本书可以为你快速成为美甲师提供一条捷径。本书收集的美甲款式全部经过资深编辑数度评选，无论对于提升品位还是应对各个场合都能胜任。本书采取将美甲和彩妆相结合的教学方式，以美甲为核心提高整体造型实力，这属于业界的创新之举。除此之外，本书还凝聚了资深美甲师的美甲诀窍，可以帮助你少走弯路，并真正掌握自己进行美甲的诀窍。

CONTENTS 目录

Chapter 1
有效提升双手质感的修手方法

Chapter 2
创造百变美甲的运笔基础方法

Chapter 3
玩转指甲油色彩的用色基础方案

Chapter 4

根据场合变换的美甲方案

Chapter 5
整体提高存在感的化妆与美甲搭配术

Chapter 6
让美甲成为穿搭亮点的配色技巧

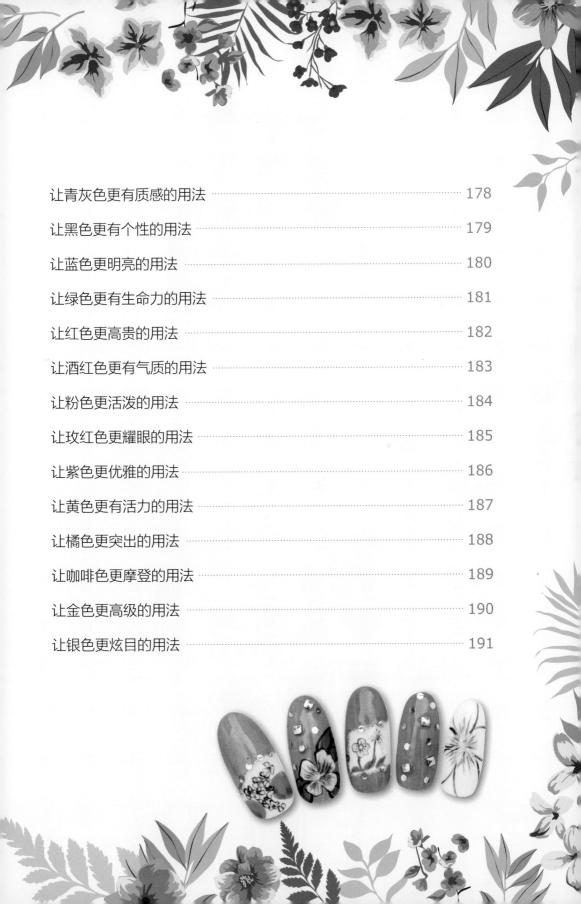

Chapter *1*

有效提升双手质感的修手方法

想要创造出绝美的指尖艺术，要从最基础的护手、修甲开始。本章介绍了基础的美甲技巧，从简单地认识美甲工具到养护指甲，让你的指尖流露光彩，散发美感，彰显独特的个人魅力。

自己修手和美甲必须准备的工具

面对琳琅满目、种类繁多的美甲工具却不知从何下手，这是否已成为你美甲入门的第一道路障？别担心，我们将介绍具有代表性的和基本的入门级美甲材料与工具，让你足不出户也能拥有自己专属的美甲沙龙！

修手必备材料

消毒液

消毒液是修手的必需品。修手前要对修手工具及手部进行消毒，避免在美甲过程中感染细菌，而导致一系列手部疾病的问题。

死皮软化剂

想要拥有白净的双手，让死皮软化剂来助你一臂之力。它可以快速软化双手的角质，让死皮更易去除，同时可以改善手指皮肤的粗糙纹路，恢复手指皮肤的细滑度。

硬甲油

长期美甲使指甲受到损伤怎么办？用硬甲油可以解决指甲脆化、剥落的问题，它可以有效地增强指甲的硬度，防止指甲变脆、分层、剥离，并且可以直接用于裸甲上。

抛光蜡

抛光蜡是让指尖恢复亮泽光彩的必备品。用羊皮擦将抛光蜡涂抹在甲面上，可以把黯淡无光的指甲抛出自然光泽，并打造光滑的甲面，还能使指甲油上色更均匀、持久。

酒精棉

在对指甲进行抛光或上色前，要清洁指甲。用酒精棉在甲面上轻轻地来回擦拭，可迅速去除甲面上的污垢和多余油脂，并且可以有效地提升指甲油的光泽度与持久性。

指缘油

多数指缘油蕴含着丰富的植物精华，给予甲面和甲缘肌肤密集养护，并能让甲面迅速吸收营养而维持最佳保湿状态，深层滋润甲缘肌肤，让甲面散发健康光泽。

修手必备工具

指甲剪

指甲剪是美甲造型最基础的工具之一。它能快速改变指甲的形状及长度，可以用于修剪各种类型的指甲，并且还有平头剪、斜面剪、U形剪等不同类型来满足不同的修甲需求。

打磨条

打磨条用于修磨指甲的形状。用质地粗糙的一面来轻修指甲外形，用质地较细腻的一面来打磨指甲的边缘，快速解决甲缘凹凸不平的问题。

死皮剪

死皮剪通常由不锈钢材质制成，刀口小，刀锋利，可以轻松剪去指缘多余的死皮。而且其外形小巧，方便携带，具有极佳的平衡性和操作性。

死皮推

死皮推是去除顽固死皮的救星。在软化角质之后，将手指上老化的皮肤利用死皮推往手心方向推动并将其除净，为指甲的C形部位塑造完美的圆弧形。

死皮叉

死皮叉用于修理甲缘的角质，它的V形刀口更贴合指甲形状，便于修剪指甲根部的死皮。死皮叉配合死皮推，可以轻松除去边缘软皮和老化角质。

抛光条

利用抛光条反复抛光甲面，可以把甲面的坑纹打磨平整，并去除甲面残余的角质，修复甲面的粗糙纹路，让指甲更细腻光滑，自然亮泽。

美甲基本材料

底油

底油相当于指甲的隔离霜。它能给指甲增加一层坚固的保护膜，增强指甲的硬度。它还能保护指甲不受有害物质的侵害，最大限度地让指甲处于健康状态。

指甲油

指甲油是打造炫彩百变美甲的主角。色彩缤纷的指甲油能让人心情愉悦。在注重色彩时也不可忽略对指甲油品质的选择，安全无害的成分才能让指甲更畅快地呼吸。

亮油

亮油可以让指甲更光泽闪亮，也能够延长指甲油在甲面上停留的时间，让指甲油的颜色更持久、绚丽，为装饰好的美甲增加一道安全的屏障。

快干滴剂

在涂好指甲油与亮油后，使用快干滴剂，能缩短指甲油与亮油的干燥时间，可以短时间成就美丽。快干滴剂含有的特殊滋养精华，还能给予指缘与甲面滋养与呵护。

快干喷雾

快干喷雾是喷雾式快速护甲产品。将其喷在指甲上，可迅速在甲面上形成光滑、坚固的防护层，且能防止甲面附着污点，并给予指甲保护与滋润，使指甲更亮丽。

卸甲水

将卸甲水配合化妆棉覆盖在指甲上，轻按后，来回摩擦就可轻松卸除指甲油。注意选用添加天然养护成分的柔和卸甲水，才能更好地呵护指甲健康。

美甲基本工具

彩绘笔

彩绘笔用于拉线、雕花、彩绘等。其笔头轻软而细腻，笔杆纤长且易于掌控。用彩绘笔可以在甲面上勾勒形状，点缀花瓣，描绘柔美的线条与精细的图案。

点珠棒

点珠棒可以轻松地点绘出难以用彩绘笔点绘的圆点图案，还可以用来混合颜色并描画花纹，或是为甲面点缀水钻、亮片等装饰物。

镊子

镊子是粘贴美甲钻饰的有力帮手。它可用于夹取水钻、亮片等精细物件，能够快速辅助粘贴钻饰、合金、彩绘甲片和美甲贴纸。镊子是 DIY 美甲的必备品。

桔木棒

桔木棒能够粘贴美甲小钻饰，有效清洁附着在指缘缝隙处的指甲油与杂质。它还能充当简单的死皮推，清除被死皮剪处理后拱起的死皮。

美甲刷

美甲刷拥有细腻的软毛，可以温和地清洁甲面。它能清扫打磨指甲后残留在指甲上的甲屑与污垢，清扫指甲边缘多余的散粉、亮片或丝绒，从而保证甲面的整洁。

指甲烘干机

美甲后千万不要因为一时心急而用嘴来吹干指甲。这样不仅不能让指甲油快干，还会让甲面光泽受损且不光滑。利用小巧、方便的烘干机就能让指甲油快速变干，并能避免以上的问题。

根据手部形态修剪适合自己的甲形

不能小看小小的甲面。一款适合自己的甲形能够让双手更有美感，让美甲更有看点。学会用适合自己手部形态的甲形来突出优势或弥补不足才是美甲达人的明智之举！

圆形指甲

1 用指甲剪剪掉甲面两侧的棱角部分，使指甲的形状呈圆弧形。

2 用打磨条从下往上，将甲面左侧拐角部分磨圆。

3 将打磨条稍微倾斜，从甲面左侧拐角向中间方向打磨。

圆形指甲短小而可爱，适合不留长指甲或者不愿费心做造型的女性。圆形指甲能中和过瘦的手指和突出的关节，让纤瘦的双手更显圆润、饱满。

4 用打磨条从下往上将甲面右侧的拐角部分磨圆。

5 将打磨条稍微倾斜，并从甲面右侧拐角处向中间方向倾向打磨指甲。

6 用打磨条修整甲缘前端，使甲面呈对称的流畅圆弧。

方形指甲

方形指甲是甲形中最具视觉冲击力的一款指甲，是经典的法式美甲的基本形状。它兼具力量感与潮流感，适合手部修长、甲床细窄的女性。方形指甲深受白领女性与个性潮人的追捧。

1 将打磨条与指甲前缘呈45度角打磨并修正指甲前缘，将其磨平。

2 用打磨条在指甲左侧自下往上稍垂直地将指甲打磨出一个直角。

3 将打磨条稍微倾斜，并斜向修整打磨好的左侧直角。

4 用打磨条在指甲右侧同样自下往上地将指甲打磨出一个直角。

5 将打磨条稍微倾斜，并斜向修整打磨好的右侧直角。

6 对打磨好的甲缘前端进行修整，使指甲更光滑。

方圆形指甲

1 用指甲剪剪掉指甲前缘有弧度或突出的尖形部分。

2 将打磨条呈45度角打磨指甲前缘，将其修整呈水平状。

3 用打磨条将指甲左侧的拐角部分打磨出一个直角。

4 用同样的手法，将指甲右侧的拐角部分也打磨出一个直角。

5 将指甲左侧的直角往中间磨圆，使拐角呈椭圆状即可。

6 用同样的手法，将指甲右侧的直角向中间磨圆，呈对称的圆角。

方圆形指甲兼具了圆形指甲的优雅与方形指甲的干练，显得手指修长而有力度，是具有超高人气的甲形，适合绝大多数人。对于手指瘦长、骨节明显的女性，方圆形指甲可弥补其不足之处。

尖形指甲

尖形指甲是展示古典风格的个性派甲形，能让指尖变得更细长，但并不是每个人都能驾驭。天生指甲形状过大或过小，手指较粗、短圆的女性不太适合这种甲形。

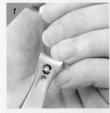
1 用指甲剪将甲面两侧的拐角部分修剪出弧度。

2 用打磨条以倾斜45度角将指甲右侧的拐角处打磨并修整好。

3 用打磨条以同样的手法修整指甲左侧的拐角处，并使其呈圆滑的边缘。

4 沿指甲前缘的下方用打磨条将指甲右侧的拐角处向中间磨成尖形。

5 从甲面的左侧向中间将指甲左侧的拐角处也磨成尖形。

6 打磨修整指甲的前缘，使甲面呈两边对称的尖形。

通过去死皮及抛光提升甲面光感

　　无论甲形多么完美，如果甲床边缘还留有多余而难看的死皮，甲面上还有粗糙显眼的纹路，则会使指甲的完美形象大打折扣。此时需要通过去死皮与抛光对指甲进行护理，使甲面即刻焕然一新！

去死皮

1

将双手在温水中浸泡后，将软化剂涂抹于指甲周围的指皮上。

2

用死皮推把指甲根部的死皮推起。

3

用死皮叉把指甲根部拱起的死皮推除。

4

继续用死皮叉把指甲周围的死皮碎屑除掉。

5

用死皮剪剪掉指甲周边残余的顽固死皮。

6

在指缘周围涂上指缘油，以滋润与保护指甲。

　　整洁而美观的双手是提升好感度的关键。定期对指尖进行细致的清洁护理，跟多余的死皮 Say No！

不涂指甲油时，也想让指甲细腻而有光泽吗？抛光能够帮助你摆脱暗淡的甲面，让指甲焕发亮泽光彩！

抛光

1

用酒精棉或湿纸巾对甲面进行清洁，以保证甲面的干净。

2

用抛光条质地较粗的磨砂面将指甲的表面磨平。

3

用抛光条质地较细的一面以上下方向将甲面左侧抛光。

4

将抛光条垂直覆盖在甲面上，以左右方向进行抛光。

5

将抛光条平行放置于指甲右侧，以上下方向进行抛光。

6

在甲面上涂抹适量的精华油，以养护指甲。

指甲油的选择及配色指南

指甲油的质量会直接影响美甲的效果。优质健康的指甲油能避免有害物质侵蚀指甲，再搭配得当的颜色能让整体造型更具吸引力。面对质量参差不齐的指甲油及琳琅满目的指甲油的颜色，如何选择才能为妆容和衣着加分添彩呢？

如何选择指甲油

注重成分，让指甲自由呼吸

查看包装上的成分、含量标识，不要选用含有丙酮、乙酸乙酯、邻苯二甲酸酯、甲醛类、苯类等成分的指甲油。因为这些物质属于有毒且致癌的化学物质，对指甲有腐蚀性，会对人体造成伤害。尽量选用健康环保的天然水性指甲油，其天然矿物成分更有利于指甲的呼吸。知名品牌的产品相对来说更值得信赖。

辨识气味，让毒素无可乘之机

气味难闻是指甲油的"通病"。因为大部分的指甲油中含有多种有毒且致癌的化学成分（如苯类、醛类、乙酸乙酯、樟脑等），腐蚀性很强，挥发时产生的刺鼻气味（致癌物质）会通过人的呼吸进入肺部，比吸烟更可怕。选用健康环保且无毒无味的水性指甲油，没有难闻的刺激性气味，而是有淡淡的香味，其配方安全、温和。这种指甲油从植物中提取的成分加上环保色浆降低了对人体的伤害，让毒素无可乘之机。

质量把关，让美甲事半功倍

质量好的指甲油涂上后很快就干了。选购时，将指甲油毛刷拿出来，看看顺着毛刷而下的指甲油是否流畅地呈水滴状往下滴。如果下滴很慢，则代表此瓶指甲油太浓稠，将不容易涂匀。将刷子拿出来，左右压一下瓶口，测试刷毛的弹性。将刷子蘸满指甲油并拿出来时，毛刷最好仍维持细长状，这样更容易均匀地上色。毛刷与指甲油的质量的优劣直接影响美甲效果的好坏。

选对颜色，让肌肤焕然一新

手部肤色偏黄的人使用橘色、棕色系的指甲油，可以让肤色看起来更明亮；肤色偏黑的人使用闪闪发光的金色及古铜色，甚至耀眼的大红色，都有相互辉映的效果；肤色红嫩、健康的人无论使用浅浅的粉红色、粉桃色，还是使用浅咖啡色，都能让手看起来更纤细修长。除了符合自己的肤色之外，与着装相呼应的美甲颜色会让整体造型更有看点！

指甲油配色指南

相近色搭配法

柠黄色 + 橘色

相近色搭配法是指选择相邻或相近的色相进行搭配。如柠黄色与橘色同属暖色，因为具有同一色系的共同属性，色彩的饱和度具有共同性而显得协调与稳定，微妙的差异不会产生呆滞感，而又达到了高度的和谐美。亮度极高的柠黄色使橘色更有活力，鲜艳而强烈的色调加上明亮的色调，能产生活泼的色彩印象。

互补色搭配法

蓝色 + 橙色

将两个互为补色的色彩放在一起时，会产生强烈的视觉效果，补色对比使色彩的色感更强。橙色属于暖色系，常表现热情开朗的感觉。与之相反的蓝色给人一种安静、内向的感觉。橙色温暖、明亮的特质与蓝色纯净、平静的特质和谐相融，是最佳的互补色之一。红色与绿色、黄色与紫色也是制造强烈存在感的互补色组合。

撞色搭配法

宝蓝色 + 黄色

撞色是指两种或多种反差大的颜色搭配或拼接在一起，形成视觉冲击的效果。用色相、明度或饱和度的反差进行搭配，能造成鲜明的视觉对比，有一种"相映"或"相拒"的力量使之平衡。如宝蓝色与黄色的组合，黄色的明亮缓解了宝蓝色的浓重，宝蓝色的深邃让黄色更有张力，大胆的撞色能碰撞出格外耀眼的整体效果。

明暗对比搭配法

西瓜红色 + 黑色

明度是配色的重要因素，明度的变化可以表现立体感和远近感。极其浓重的两种颜色通过饱和度的互补也能达到和谐统一。如具有高饱和度差的红黑搭配，是非常有力的色彩组合。中性色的黑色恰到好处地收缩了西瓜红色的醒目与热烈，西瓜红色在黑色的反衬中更加饱满而有力度，暗淡的黑色也更显个性。

使用单色指甲油的上色方法

　　将指甲油涂抹在没有任何保护的裸甲上，不管先后顺序而随心所欲地涂抹指甲油……这些错误的行为不仅达不到均匀润泽的上色效果，还会给指甲造成严重的伤害。学习如何正确涂抹指甲油是打造完美美甲的必修课！

用酒精棉或湿纸巾对甲面进行清洁，以保证甲面的干净。

给甲面均匀地涂抹上一层底油，为指甲增加一层保护膜。

蘸取适量的指甲油，在甲面中央由指甲根部至下涂抹一道纵线。

继续将甲面的右侧空余处以同一方向涂抹完整。

用同样的手法与力度，将甲面左侧的空余部分填充完整。

用棉棒将甲面边缘与指缝残余的指甲油清理干净。

　　涂抹指甲油时，遵循"先中间后两边"的原则，可以让指甲的上色饱满而富有光泽感。

Q：可以在修整过的裸甲上直接上色吗？

A：不可以。在涂指甲油之前，必须先给指甲打底。在裸甲上先涂抹一层底油，这等同于给指甲增加一层保护膜，从而增强指甲的硬度，保护指甲不受指甲油所含有害物质的侵害，并防止色素沉淀，最大限度地让指甲处于健康状态。

Q：涂指甲油时，起泡泡怎么办？

A：在涂抹指甲油之前，不要用力摇晃指甲油。力度过大地摇晃指甲油会使其充满气泡，此时如果马上涂抹就会产生气泡。摇晃指甲油的动作要轻柔，使指甲油中的色素调和均匀即可。此外，指甲油的品质也很重要，品质不好的指甲油会产生气泡、光泽度不够、易脱落、损伤指甲等现象。

Q：涂抹指甲油时，可循的原则是什么？

A：涂抹指甲油及保养油的原则是"先中间后两边"，动作要快，三笔涂完。注意在指甲根部的半月状白色部位留下微小空隙，以供指甲呼吸，也可以将指甲先涂满，然后再用去除剂擦去应留出的空隙处。熟练涂抹指甲的人则可以直接留下空隙处再涂满指甲。

Q：涂抹完指甲油后，指甲油不容易干且容易蹭花怎么办？

A：涂过指甲油的指甲一定要小心保护，需要经过24个小时才可以让指甲油完全干透。想要缩短等待时间，可以使用快干喷雾或快干滴剂来加速指甲油与亮油干燥，短时间就可以成就美丽，同时能给予指缘与甲面滋养与呵护。

Q：如何存放指甲油使其不易变黏稠？

A：首先，指甲油需要避光保存，并且需要放在阴凉的位置，因为光和热会令指甲油变干；其次，每次使用时不要长时间敞开瓶口，用完后将瓶盖拧紧后存放，因为空气进入瓶内会大大缩短甲油的使用期限；最后，每次使用指甲油前揉搓瓶身（不要上下摇晃），让指甲油混合均匀后再使用。

安全卸除指甲油的快捷方法

　　指甲生长、美甲表层刮花、颜色消退……可见，在甲面上停留的指甲油也有保质期。学会卸除指甲油也是美甲护甲的一门必修课。掌握不留残迹的卸除指甲油的方法，能够保证指甲的整洁、美观，让指甲更畅快地呼吸！

用棉片蘸取适量的卸甲水，并覆盖在甲面上。

将棉片在甲面上按压 10 秒左右，让指甲油与卸甲水充分接触。

稍加用力，将按压在甲面上的棉片往外拖动并来回擦拭。

用蘸取卸甲水的棉棒清除指甲周围及甲缝处残留的指甲油。

继续用蘸取卸甲水的棉棒将指缝中残留的指甲油清理干净。

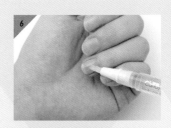

在清洁干净的甲面上均匀地涂抹一层营养油。

用正确、安全的方法卸除指甲油，能让指甲即刻还原光洁清透！

Q： 为了加快卸除指甲油，卸甲水的用量越多越好吗？

A： 使用卸甲水时并不是用量越多越好。卸甲水中含有丙酮等有害化学物质，能让指甲的表面角质层因干燥而变得粗糙脆弱、易剥落。因此，在使用时，应掌握适量原则。用棉片蘸取卸甲水，在甲面上轻压一段时间后进行擦拭，借助棉棒清除指甲边缘与甲缝残余的指甲油。

Q： 在卸除指甲油时，力度越大越容易卸除吗？

A： 用卸甲水清洗指甲时，要避免用力摩擦指甲。用力摩擦指甲表面会让甲面变得暗淡无光，尤其是使用洗甲功效比较显著的产品。正确的做法是将蘸取卸甲水的棉片覆盖在指甲上10秒左右，然后轻轻按压并按照从上到下的顺序擦拭。

Q： 如何更快地卸除指甲边缘与甲缝的残余指甲油？

A： 蘸取了卸甲水的棉片无法兼顾卸除指甲边缘及甲缝细微处的残余指甲油，此时则可以借助棉棒、桔木棒来快速清除。用棉棒蘸取适量卸甲水，轻轻擦拭指甲边缘，或用桔木棒蘸取适量卸甲水清洁附着在指缘缝隙处的指甲油与杂质。不要一味地用棉片来回擦拭指甲，以免加重卸甲水对指甲的伤害。

Q： 卸除指甲油后，可以马上涂抹新的指甲油吗？

A： 不可以。指甲油不能连续涂抹，卸除指甲油后至少过一周后再涂抹。指甲油的主要成分为挥发性溶剂，还有少量油性溶剂物质等。如果连续涂抹指甲油，会阻碍指甲的"呼吸"，让指甲变黄、变脆，从而导致甲面失去天然的光泽。因此，卸除指甲油后，要给指甲足够的"休息"时间去生长与修复。

Q： 卸除指甲油后，如何对指甲进行护理与保养？

A： 卸除指甲油后，应该对指甲进行必要的养护。多用含有天然植物成分的修复性指甲油、指甲营养油等，这样可以给指甲有效的滋润与保护，也能让指甲在下一次上色时具有最佳状态。滋润指甲时，可以对指甲做局部按摩，使营养成分更快、更好地被指甲吸收。

指甲及手部的基本保养技巧

　　拥有完美精致的脸部妆容，练就了傲人的身材，却因干燥粗糙甚至皱纹密布的双手暴露年龄，这是不少女性的通病。想要成为 360 度无死角的完美女神，就要细心呵护身体的每一寸肌肤，不仅是纤纤玉手，指甲的保养也不容忽视。保养好手部，已刻不容缓！

你可能不知道的指甲保养技巧

1. 修剪对了，指甲则更坚硬

　　避免将指甲修剪成尖细的形状，方形及圆弧形的甲形可以减少指甲两侧层状剥离。经温水浸泡后的双手，其指甲更易修理。使用打磨条修甲时，最好从同一方向开始修理，否则易引起甲层剥离。手指上的死皮不能徒手拔掉，应该使用专门的工具清除。注意指甲根部的一层薄皮是指甲生长处，不能修掉。

2. 远离指甲的克星

　　漂白水、清洁剂、染发剂……日常生活中的很多化学物质都是双手与指甲的大敌。在接触这些物质时，应戴上手套。此外，不要使用含有甲醛的指甲油、指甲强化剂，含有丙酮的卸甲水也要尽量避免使用，因为这些产品会给指甲带来很大伤害，甚至会引发一系列皮肤炎症。

3. 不要太爱快干型指甲油

　　快干型指甲油虽然缩短了等待时间，但它们大多含有酒精成分，这容易造成指甲油剥落，所以要尽量避免使用。可以尝试在涂抹指甲油后再擦上一层快干型亮油，为指甲增加一层保护膜，这样可以避免指甲染上污点，在增添亮泽的同时也能让指甲油更易凝固。

4. 指甲也怕热

　　看似坚实硬挺的指甲其实比我们想象的要脆弱。千万别因为一时心急而用吹风机或任何会散发热量的机器将指甲油吹干。过热的气流与过高的温度不仅会破坏指甲表层与内部组织，还会让含有化学成分的指甲油受热膨胀而脱落。

5. 指甲最爱的"两酸一脂"

　　含有乳酸、果酸、磷脂成分的护手霜或保养品是指甲的最爱。乳酸及果酸具有吸水功能，保湿效果显著；磷脂则可以锁住水分，避免水分流失。在每次洗手或睡前，给指甲涂抹适量保养品，再轻轻按摩，能让指甲得到充分的养护。

6. 加倍保护甲上皮

　　甲上皮位于指甲后缘，包裹指甲及皲裂的死皮，许多爱美女生常常将其当作清除对象。但这块小小的甲上皮专门保护指甲生长中心的指甲基质，防止异物侵袭。撕掉甲上皮会造成感染，影响指甲的生长，因此应该加倍保护它，而不是将其去除。

不可忽视的手部皮肤保养秘诀

1. 深层清洁，让双手更柔嫩

不是只有脸部肌肤才需要深层清洁、去角质，我们的双手也是角质堆积的地方！双手黯黄、粗糙且无光泽往往是因为角质老化所致。要选择含有蛋白质的磨砂膏混合手部护理乳液，定期对手部进行按摩与深层清洁，去除死皮，促进细胞新陈代谢，让双手更细腻、柔嫩而有光泽。

2. 远离手部肌肤的克星

娇嫩的双手禁不起清洁溶剂与碱性成分长期的伤害，含有化学成分的漂白水、染发剂等对双手造成的伤害更甚。尽量减少接触碱性物质，避免直接接触酒精或其他消毒剂。接触洗衣粉、洗洁精时最好戴上橡胶手套。洗手时要用温和的洗手液，尽量少用肥皂等碱性大的洗护产品。

3. 让双手"喝"饱水

让手部肌肤"喝"饱水才能拥有透亮的光泽。手部肌肤的皮脂膜常受到清洁剂与水的破坏，因此需要涂抹护手霜。护手霜可以有效滋润手部肌肤，并锁住水分，缓解手部干燥，是一年四季的必需品。洗澡后，角质层含有充足的水分，此时擦涂护手霜最有效。但要注意避免选择含有香料、色素及刺激成分的护手霜。

4. 不要与紫外线亲密接触

当我们举起手遮挡刺眼的阳光，或将双手随心所欲地暴露在强烈的光照下时，却不知双手正在遭受紫外线的侵害，这样容易产生黑斑、皱纹。所以，出门在外也别忘了对手部进行防晒，擦涂防晒霜或选择有防晒效果的护手霜，可以减少因紫外线而产生的色素沉积。

5. 常给双手做健美操

经常做手部健美操可以消除手部过多的脂肪，加速血液循环，还能预防冻疮的产生。按摩双手时，自指尖开始以螺旋形的方式按摩到手指根部，注意动作要柔和。最好在涂护手霜的同时做按摩，这样既能够帮助手部皮肤吸收营养，还能预防手部产生其他问题。

6. 手部也需要做"面膜"

就算没有美容院的专业SPA，日常在家中也能给双手做手膜护理，为自己的手部肌肤好好地保养一下。柠檬、蛋白、蜂蜜等天然物质有美白与紧致皮肤的作用，可以将它们适量地混合搅拌并涂抹于双手，保持15分钟左右，然后将其洗净，这样可以改善肌肤的干燥，让双手重回嫩滑白皙的状态。

如何选择护甲、护手产品

手部皮肤的粗糙是衰老的表现之一。保养手部肌肤可以成就精致与优雅，体现自身的品位与魅力。女人不仅要妆容精致，也要双手美丽。聪明的女人总能平衡把控面部与手部皮肤的护理。选择对的护肤品，给指甲与双手完美的呵护，让你拥有人人称羡的纤纤玉手！

如何选择护甲产品

指甲营养液、加钙底油、指缘油、硬甲油、指甲修护液等都能给指甲更全面的营养呵护，在选购时应该注重成分的选择。含植物成分的指甲油和底油是保证指甲健康且具有光泽的类型，尤其是由植物精油所制造而成的底油，它能够让指甲变得更坚固。此外，含有乳酸、果酸、磷脂成分的保养品是指甲的最爱。乳酸及果酸具有吸水功能，保湿效果显著；磷脂则可以锁住水分，避免水分流失。

对于选择护甲产品的品种也是有考究的。指缘油能有效滋润指甲边缘的皮肤，预防倒刺和干裂的产生。硬甲油能预防指甲剥落、裂开及指甲根嵌入肉中，使指甲更加坚硬、更具有自然光泽。指甲修护液中的塑胶及树脂类成分则可以在指甲上形成一层保护膜，增加指甲的硬度。指甲易裂且无光泽的人更需要选择正确的护甲品，这样可以让你拥有色泽明亮且健康强韧的指甲。

产品推荐

Anna sui 护甲精华油

Anna sui 护甲精华油具有油质和水质的双重质地，可以赋予指甲丰润且具有光泽的质感，其高度渗透的能力可以避免产生黏腻感。

OPI 牛油果精华营养油

OPI 牛油果精华营养油特有的牛油果精华具有超强的抗氧化能力，可以帮助指甲周围的皮肤恢复弹性。

The body shop 杏仁油指缘修护笔

The body shop 杏仁油指缘修护笔蕴含甜杏仁油，能够软化指甲周围的皮肤、滋养指甲，并能够防止指甲开裂。

OPI 护甲快干喷雾

OPI 护甲快干喷雾含有丰富的顶级酪梨油脂复合体成分，可以减少指甲油干燥的时间，并可以形成一层光滑的甲面防护层。

OPI ENVY 系列蛋白硬甲底油

OPI ENVY 系列蛋白硬甲底油含有丰富的维生素及抗氧化成分，能预防指甲剥落、裂开及嵌甲的形成，使指甲更加坚硬而有光泽。

欧舒丹乳木果甲皮修护霜

欧舒丹乳木果甲皮修护霜萃取乳木果油，可以滋润和保护指甲和指甲周围的皮肤，使指甲周围的皮肤变得柔软，并可以增加指甲的硬度。

如何选择护手产品

　　护手霜是保持手部肌肤水分，预防细纹的主要护理产品，根据其不同成分可分为防护、保湿、修复及除角质等多种类型。选用时，要根据手部肌肤的不同需求来选用不同类别的护手霜。含甘油、矿物质的护手霜适合皮肤干燥的双手；含天然胶原及维生素E的护手霜，更适合因劳作而粗糙的双手；主要成分是酵母、蜂王浆的修复型手霜更适合有老化纹路的双手。

　　在选购护手霜时，可以通过闻、看、用来辨别质量。首先是要闻一闻，质量好的护手霜应该有淡淡的气味或芳香，不应该有化学合成物质或矿物油、动物油的气味；其次要看成分，成分中最好是含植物的成分，具有滋润、美白、防晒等多种功能；最后要试用一下，质量好的护手霜虽然滋润但不油腻，不会产生像有一层厚厚的油脂糊在皮肤上的感觉。虽然不是十分轻薄，但其渗透性好，涂在皮肤上轻轻揉搓，很快就能被皮肤吸收。

产品推荐

Filorga（菲洛嘉）玻尿酸胶原蛋白手膜

这种手膜中含有小麦提取物，调节黑色素合成，减少色素痕迹，强化指甲，具有抗皱、淡斑、嫩肤等多重效果。

Jurlique薰衣草护手霜

这种护手霜中含有丰富的薰衣草精华油，涂在手部无油腻感，能够立刻滋润和舒缓干燥的手部皮肤，恢复皮肤弹性。

LA MER（海蓝之谜）护手霜

这种护手霜能瞬间平滑肌肤，保护和修复干燥的手部肌肤，其含有亮肤因子，能提升肌肤色泽和明亮感。

La Prairie鱼子精华纯皙手霜

这种手霜有助于淡化老年斑和色素沉淀，深层保湿并养护角质层；能有效强化指甲，有助于紧肤和润滑皮肤。

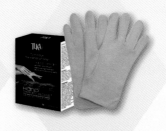

TALIKA（塔莉卡）水漾疗护手套

这种高科技的滋养手膜手套接触皮肤后能逐步释放滋养剂，并深入渗透皮肤，有效延缓手部皮肤的衰老。

欧舒丹乳木果手部磨砂膏

这种手部磨砂膏中含有15%乳木果油及有机砂糖结晶，温和去除老化角质，同时滋养手部肌肤。

关于修手及手部保养的 Q & A

拥有洁净美观的双手才能让美甲大放异彩！了解手部保持细嫩的秘诀，掌握美甲事半功倍的技巧，以成为真正的美甲达人！

Q： 涂抹指甲油时总是不小心让手指相互碰蹭，这时未干的指甲油很容易弄脏手指，应该怎么办？

A： 分指器是救星！在涂抹指甲油前，用分指器将手指分开并固定，被分指器固定的手指不会抖动，能够保证指甲油在涂色的同时不会沾染到其他手指及指甲上。选用高密度海绵材质的分指器，其柔软轻巧、质感舒适，不会产生紧勒或束缚感，使涂抹指甲变得更便利、舒适。

Q： 杂乱凸起的倒刺、死皮让双手显得很不雅观怎么办？

A： 用死皮剪来帮你去除死皮！如果随意用手直接撕掉倒刺，这很容易出血，甚至发炎。选用专门的死皮剪，其刀口小，刀锋利，可以轻松地剪去指缘多余的死皮，恢复双手的整洁美观。死皮剪的外形小巧，携带方便，具有极佳的平衡性，容易上手，便于掌控。

Q： 严肃场合不允许涂抹指甲油，却又想让暗淡的指甲有光泽时，应该怎么办？

A： 让抛光条赋予指尖光泽感！利用抛光条反复抛光甲面，可以把甲面的坑纹打磨平整，去除甲面残余的角质，改善指甲粗糙的纹路，让指甲更细腻、光滑，即刻摆脱暗淡的甲面。使用抛光条，即使没有指甲油的帮助，也能让指甲焕发自然亮泽！

Q： 美甲图案的细小纹路总是让新手在绘画时无从下手，应该怎么办？

A： 让彩绘笔助你一臂之力！作为美甲的必备工具，彩绘笔担任着拉线、雕花、彩绘等重任。轻软细腻的笔头、易于掌控的纤长笔杆，让你更轻松地在甲面上勾勒形状，点缀花瓣，描绘柔美的线条与精细的图案，即使画再细微的图案也能游刃有余。

Q: 美甲绘图时，如何快速点出均匀的圆形波点？

A: 点珠棒能让你事半功倍！不用再担心画出的圆形波点不够圆润了，点珠棒可以轻松地点绘出难以用彩绘笔点绘的圆点图案。除此之外，还可以用点珠棒混合指甲油颜色，打造出抽象的花纹图案，或为甲面点缀水钻、亮片等装饰物。

Q: 如何精确到位地粘贴细小的水钻、亮片等装饰物？

A: 一把小小的镊子就足够了！镊子是粘贴美甲钻饰的有力帮手，让你不再费神于用手来取装饰物。镊子细小的尖端能精确地夹取水钻、亮片等精细物件，并且能快速地将钻饰合金、美甲贴纸等粘贴好，是 DIY 美甲的必备工具。

Q: 如何在美甲时保持甲面清洁，快速清除多余的散粉、亮片？

A: 美甲刷能够把多余的杂质一扫而光！美甲刷以细腻的软毛温和地清洁甲面，不仅可以在修整打磨指甲或清除死皮后迅速清扫残留在指甲上的甲屑与污垢，还可以在美甲时清扫指甲边缘多余的散粉、亮片或丝绒，保证甲面的干净整洁。

Q: 如何给指甲做基础的保养，以有效地预防倒刺、死皮？

A: 指缘油是倒刺、死皮的克星！选用蕴含丰富植物精华的指缘油，能给予甲面和甲缘肌肤天然的密集养护，深层滋润甲缘肌肤。平时，涂好指缘油后应轻柔地以打圈的方式按摩，以使其被吸收，让甲面迅速吸收营养，维持最佳保湿状态，让甲缘肌肤细腻平滑，有效预防死皮、倒刺。

Chapter 2

创造百变美甲的
运笔基础方法

彩绘甲面是美甲的基础。当熟练掌握彩绘甲面的各种线条和图案的绘画方法后，就能通过精致的细节处理，打破司空见惯的单色素甲，让各种时尚元素和独特新颖的美甲图案展现于指尖，受到众人的瞩目。

"三步达成！每位初学者都能掌握的画法！"
应用率较高的美甲图案基本画法
这些简单的图案无论是单独运用还是组合运用,都会成为指尖创意的多变元素!

Type 1 细线

用雕花笔蘸取黑色指甲油,在甲片右侧画两条竖向平行的细线。

在甲片的上半区和下半区各画平行的横线。注意距离不要相等。

选择一种较浅的颜色,并在甲面的左侧画十字线,以增强表现力。

Type 2 横条纹

用雕花笔蘸取稍多的指甲油,用两种颜色画横线。

蘸取指甲油,并慢慢地increase加大横线的宽度,确保边缘平滑。

在彩色条纹的边缘随机用亮片指甲油画上细线。

Type 3 小纹

用深浅不同但相互协调的两种颜色在甲片上画出短粗的线条。

选一种深浅介于之前所画的两种颜色之间的颜色,并画出短粗的色块。

用明亮而协调的颜色在空隙处画粗线即可。

Type 4 方格

以白色为底色,用雕花笔在右侧画出两个面积不等的色块。

错开边缘,用颜色相近且协调的第三种颜色画出第三个色块。

在色块交接的边缘用亮片指甲油勾边,以分隔每个色块。

Type 5 布纹

用两种撞色的指甲油画出底纹。用蓝色作为底色,用红色的指甲油画出"井"字纹的一部分。

用颜色较暗的指甲油以较细的线条勾勒出"井"字纹的边缘。

在右侧画一条竖线。蘸取色彩明亮的指甲油画,出线条的横向居中线。

Type 6 几何纹

在甲面的对角线上各画一个带角的色块。

用黑色的指甲油在右上角画出面积更小的色块,以塑造抽象感。

选择与整体色调相协调的颜色,画出方向相反的线条。

Type 7 心形

用雕花笔画一条心形弧线，区分上下两个区域的色块。

画几个方向不一致的小心形。注意要稍微拉长心形的尾部。

用黑色指甲油勾勒心形的边缘。留一点不画完整的边缘更有趣。

Type 8 星纹

用浅色指甲油画出大小不一的星星。注意不要太规律。

待指甲油干透后，选择更亮眼的颜色，叠加画几个星星。

用粉嫩颜色的指甲油给每个星星露出的边缘勾边。

Type 9 雪花

用雕花笔画三条交叉的细线组成雪花的基本架构。

每条细线上各点五个圆点。中间的圆点最大，末端的圆点要小。

适度点一些小圆点，作为点缀即可。

Type 10 蝴蝶结

点三个小圆点作为蝴蝶结的右半边中心，在其右侧继续点三个圆点。

在对称线上点出蝴蝶结的左半边圆点。

注意蝴蝶结左右的圆点要均匀、对称。

Type 11 碎花

在甲片的下半区，画一朵较大和一朵较小的玫瑰花作为焦点。

接着在较远的位置再画一朵形状较小的玫瑰花。

继续画几朵玫瑰花，并在花朵的适当位置加上叶子。

Type 12 豹纹

用咖啡色指甲油作为凸显豹纹的底色。

用白色指甲油在甲片上点出随意且不规则的形状。

用黑色指甲油呈"品"字形在白色形状上勾边，并在其周围点上圆点。

丰富多彩的花朵元素基本画法

春花烂漫的季节,怎能让身上缺少缤纷的色彩?赶快挑选心爱的花色来点缀自己吧!细节的完美会让你魅力大增!

Type 1 非洲菊

用粉色指甲油画出一圈留有间隔的水滴状花瓣。

用白色指甲油在粉色花瓣的间隙处画满一圈花瓣。

在花朵中心用酒红色指甲油点出大小不一的圆点。

Type 2 玫瑰

用白色指甲油在甲面中心画出一个小圆,再画出叠加的弧线。

以叠加画弧的手法往外叠加,画出三片弧形的花瓣。

以同样的手法继续画出花瓣,以填补完整。

Type 3 太阳花

用白色指甲油在甲面上点出一个小圆点。

用玫红色指甲油以圆点为中心画出一圈花瓣。

贴着下方的花瓣画出一道末端稍细的绿色花茎。

Type 4 向日葵

1

用橙色指甲油在甲面上画出一个稍大的圆点。

2

用黄色指甲油围绕着橙色圆点画出一圈水滴状花瓣。

3

继续在花瓣间隔处填满同样的花瓣即可。

Type 5 樱花

1

用玫红色指甲油在指甲边缘画出三片边缘为波浪状的花瓣。

2

用黑色指甲油为画好的花瓣勾边。

3

在花瓣的中心（即甲面的边缘）画出半圆的花蕊。

Type 6 郁金香

1

用粉色指甲油画出一个上方为山峰状的花朵。

2

紧贴花朵下方画出绿色的根茎，在其末端画出叶片。

3

用黑色指甲油为画好的花朵及茎叶勾勒边缘。

花朵元素的十个好朋友方案 A

醒目亮眼的柠黄色与正能量十足的向日葵完美结合，让你从发丝到指尖都散发出充足的活力！

露肩半袖针织衫

复古抽象花纹太阳镜

向日葵元素的美甲款式

黄色眼影

太阳花手拿包

花朵图案的高腰短裤

柠黄色链条斜挎包

柠黄色水性指甲油

铆钉尖头平底鞋

柠黄色比基尼

花朵元素的十个好朋友方案 B

想要突出十足的女人味儿？用浪漫的花朵点缀全身造型，用妩媚的红色展现女性之美，这让你在举手投足间柔情尽显。

花朵元素的小礼裙

花朵长袖雪纺衬衫

樱花元素的美甲款式

花朵镂空的镶钻耳环

红色链条包

西瓜红色水性指甲油

花朵图案的比基尼

红色伞状半身裙

红色亮闪唇彩

红色蝴蝶结平底单鞋

令人爱不释手的卡通元素基本画法

简单的单色已无法满足美甲的潮流。把童趣十足的卡通人物画于甲面，这种新玩法令人爱不释手！

Type 1 Hello Kitty

用白色指甲油画出 Hello kitty 的轮廓并填充，再点出黄色的鼻子。

在脸部的右上方用玫红色指甲油画出一个倾斜的蝴蝶结。

为 Hello kitty 画出黑色的眼睛，并为头部、蝴蝶结及鼻子勾边。

Type 2 巴巴爸爸

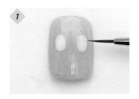   

用白色指甲油画出两个大小一致的椭圆形。

用黑色指甲油在白色椭圆形上点出更小的黑色眼珠，并画出睫毛。

在眼睛下方点出鼻孔，并画出弧形的嘴巴。

Type 3 大眼仔

用黑色指甲油在甲面上描画出眼睛及月牙形的嘴巴。

使用白色指甲油填充眼白处。

在月牙形的嘴巴内用白色指甲油画出两排牙齿。

Type 4 海绵宝宝

用白色指甲油在黄色甲面上画出两个圆形及月牙形的嘴巴。

用黑色指甲油画出眼睛、鼻子，然后勾勒嘴巴并在嘴巴内画出牙齿。

为海绵宝宝画上眉毛和睫毛，并用蓝色指甲油在眼珠外圈部分进行填充。

Type 5 维尼熊

用橙色指甲油在红色甲面上画出维尼熊头部的轮廓并填充。

用蓝色指甲油在头部上方与下方分别画上帽子与领结。

在维尼熊的面部用棕色指甲油画出眉毛、眼睛、鼻子和嘴巴。

Type 6 小黄人

在上方画出黑色空心圆与两边延伸的横线，在下方画一条红色横线。

在空心圆内画一个黑点，再围绕红色横线画一圈黑色椭圆色块。

用白色指甲油填充空心圆余下部分，并在黑点上点出一个圆点。最后在红线上方画出牙齿。

卡通元素的十个好朋友方案 A

Hello Kitty 这只脸蛋圆圆的纯真小猫受到很多人的喜爱，同时也成就了其周边产品。带着独特而俏皮的粉色时尚单品会令你回头率倍增。

Hello Kitty 大容量旅行包

Hello Kitty 美甲款式

Hello Kitty 钻石戒指

Hello Kitty 特定版拍立得

Hello Kitty 手机壳

Hello Kitty 联名款耳机

Hello Kitty 水杯

Hello Kitty 小号旅行收纳袋

粉红色水性指甲油

Hello Kitty 晨曦玫瑰香水笔

卡通元素的十个好朋友方案 B

橘黄色是热情开朗的颜色，与经久不衰的小熊维尼搭配，立刻散发出快乐和活泼的气息。不必担心橘黄色太过于抢眼，简洁大方的搭配能让你成为时尚的焦点。

橘色水性指甲油

混纺七分蝙蝠袖大衣

水晶戒指

橘黄色编织钱包

小羊皮口盖包

橘黄色亚光丝柔眼影

英式刺绣连衣裙

维尼熊美甲款式

橘黄色内衣套装

牛皮编织凉鞋

生动而可爱的动物元素基本画法

动物妆的热潮还没有退去，动物美甲的风波紧接而来。来吧，你也可以给自己的指甲来点新鲜趣味！

Type 1 猫咪

 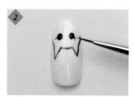  

用黑色指甲油画出猫咪的脸部轮廓。注意耳朵呈三角状。

点出两个黑色圆点，并挑出两条短弧作为睫毛。

画出 Y 形鼻子，并在两侧各画三条线作为胡须。

Type 2 狮子

用奶黄色指甲油在甲面上方沿边缘画出一个半圆。

沿半圆的半弧边缘用橙色指甲油画出齿轮状的鬃毛。

用黑色指甲油画出狮子的眼睛、鼻子与胡须，用橙色画出鼻子两侧的部位。

Type 3 兔子

用白色指甲油画出兔子面部的轮廓并填充。

用粉色指甲油在面部凸出的地方画出脸颊，并在耳朵上画出两个月牙状。

在兔子面部画出黑色的眼睛、Y 形鼻子与弧形的嘴巴。

Type 4 小狗

1

2

3

在白色的甲面上方的两侧沿边缘画出两块对称的黑色色块。

在甲面下方中心画出倒三角的鼻子及竖线，并在两旁点出黑色圆点。

在甲面上方的黑色色块中用白色指甲油画两个圆环。

Type 5 小鸡

1

2

3

用黄色指甲油在甲面上画出上下都为山峰状的横向色块。

在黄色的色块上点出两个黑色的圆点作眼睛。

在眼睛下方画出橙色的小三角形作嘴巴。

Type 6 熊猫

1

2

3

用白色指甲油在粉色甲面下方画出一个饱满的上小下大的椭圆。

在椭圆中间出一个两端宽、中间细的色块，在其顶部点出两个黑色的半圆作耳朵。

在椭圆的底部（即甲面下方）画出一个黑色的小半圆作尾巴。

动物元素的十个好朋友方案 A

猫咪美甲搭配以印花元素为主的时尚单品，让可爱的猫咪环绕在身上，让你带着毛绒动物特有的毛茸茸的质感，保持舒畅的心情。

猫咪拿铁咖啡杯

猫咪印花 T 恤

乳白色水性指甲油

猫咪图案的零钱包

猫咪美甲款式

星空猫咪 3D 印花连体泳衣

印花斜边短裙

猫咪脚印宠物外带包

猫咪印花后背袋

猫咪金属扣钱夹

动物元素的十个好朋友方案 B

用黑白两色拼接和搭配，简洁而流畅的线条配以最纯净的颜色，能以随意的姿态展现出独特的时尚魅力。再加上可爱的熊猫图案，形成个性而前卫的经典搭配。

黑色熊猫棒球帽

印花熊猫 T 恤

熊猫面膜

黑色指甲油

棉麻混纺熊猫印花拼边哈伦裤

熊猫手机保护壳

黑白双色眼影

磨砂皮休闲运动鞋

漆皮撞色双肩包

熊猫美甲款式

现代酷炫的几何元素基本画法

不喜欢小碎花的清新，也不想做摇滚暗黑系美甲，不妨尝试一下标新立异的几何图纹，这些元素是引人注目的"杀手锏"！

Type 1 回形

在黑色甲面上画出一个饱满的肉粉色菱形，约占甲面面积的2/3。

用金色闪粉指甲油在肉粉色菱形的中心画出一个更小的菱形。

用黑色指甲油在金色菱形的内外各画一个大小不同的菱形。

Type 2 几何拼接

用酒红色、玫红色与白色的指甲油在粉色处的甲面上各画出三块大小不同的色块。

用金色闪粉指甲油分别为所画的色块勾勒边缘。

在甲面上画出一条大的L形线，并联结三个色块。

Type 3 菱形

用粉色指甲油在黑色甲面中心画出一个菱形。

在画好的菱形两边再画出相同的粉色菱形。

用金色闪粉指甲油在粉色菱形上画出交叉的X形线。

Type 4 三角形

在白色的甲面上方画出一个边缘为弧形的粉色色块。

在粉色色块的下方用金色闪粉指甲油画两条圆弧线并在其之间画出三角形。

用黑色指甲油将相隔的四个三角形填满。

Type 5 条纹

在甲面上画出一个白色倒三角形，并在其上边缘画出蓝色的横线。

在白色倒三角形的中间与尖部再画两条长度依次递减的平行横线。

用金色闪粉指甲油为白色倒三角形勾勒 V 形的边缘。

Type 6 星形

用黑色指甲油在甲面上画出两个相连的倒 V 形。

以画 V 形的手法继续画出完整的星形。

使用黑色指甲油将星形填满。

几何元素的十个好朋友方案 A

给人遐想空间的几何图形彰显着别具一格的个性，拒绝一成不变的束缚。年轻就是要碰撞出与众不同的潮流！

菱形镶钻手拿包

条纹镂空吊带衫

回形镂空金属耳环

黑色金边小礼帽

黑色水性指甲油

破洞牛仔长裤

几何条纹罗马凉鞋

黑白条纹斜挎包

回形图案美甲款式

金色渐变太阳镜

几何元素的十个好朋友方案 B

凝聚了海洋的清冽，融合了清爽的色泽，蓝白条纹一直是热度不减的潮流风向标，以这种元素为主角的单品也是层出不穷！

白色编织的遮阳帽

蓝白条纹短款 T 恤

海军条纹手表

蓝白条纹美甲款式

蓝白条纹编织单肩包

蓝白竖条纹比基尼

白色破洞牛仔短裤

蓝色水性指甲油

海军条纹渔夫鞋

竖条纹无袖衬衫裙

随性而有趣的涂鸦元素基本画法

厌倦了平凡的美甲，总想展现另类出众的时尚感，大胆前卫的涂鸦元素一定能给你带来满满的惊喜！

Type 1 波普漫画

在甲面上画出一个白色的 T 字形，并用黄色将 T 字形左侧部分填满。

用灰蓝色指甲油在黄色部分画出一个星形。

用黑色指甲油在 T 字右侧点出黑点，并为 T 字与星形勾边。

Type 2 彩妆插画

用黑色指甲油在白色甲面上画出口红的轮廓。

用玫红色指甲油将口红的上半部分填色。

用黑色指甲油将口红的下半部分填满。

Type 3 美食插画

用巧克力色指甲油画一个大半圆并在圆内画出一个类似花朵的形状。

用黄色指甲油将圆内除花朵之外的部分填满。

在巧克力色花朵形状的色块上画出随意的黑线。

Type 4 唇部漫画

用红色指甲油在甲面上画出一个小半圆。

在小半圆的左侧画出相同且相连的半圆，然后在两个半圆的下方画一条圆弧。

用黑色指甲油为嘴唇图案勾勒出轮廓。

Type 5 手绘爱心

用黑色指甲油在甲面上画出一个心形。

用红色指甲油在心形内画出参差不齐的斜线。

用黑色指甲油在心形上画一个穿过的箭形。

Type 6 字母涂鸦

用桃红色指甲油在甲面左侧画一个 L 字形。

接着画出"LOVE"剩下的字母，将其补充完整。

使用黑色指甲油为字母勾边。

涂鸦元素的十个好朋友方案 A

前卫的涂鸦一直是彰显个性的途径。火辣热情的红唇图案是时尚者所钟爱的元素。释放你的活力吧！让率性而大胆的涂鸦给你带来无限的惊喜！

红色亚光口红

红唇元素手拿包

粉唇元素比基尼

红唇元素无袖 T 恤

红色几何镂空吊带裙

红唇图案零钱包

红唇图案美甲款式

红色水性指甲油

红唇元素手提旅行袋

红色搭扣高跟鞋

涂鸦元素的十个好朋友方案 B

彩妆元素也可以成为指尖闪耀的主角！不再拘泥于千篇一律的图案，大胆地尝试会让你成为众人瞩目的焦点！

红色绸带小礼帽

红色花纹圆形太阳镜

彩妆元素美甲款式

玫红色直筒皮裙

玫红色水性指甲油

口红图案手拿包

口红元素长袖雪纺衬衫

玫粉色口红

玫红色拉链装饰搭扣手提包

玫红色尖头单鞋

丰富多彩的美食元素基本画法

丰富的美食元素无时无刻不充满着少女清新的气息。诱人可口的水果、甜点融化在指尖，展现清新感！

Type 1 冰淇淋

   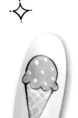

用淡绿色指甲油在甲面上画出一个边缘为波浪状的半圆。

用肉粉色指甲油在绿色部分的下方画一个倒三角形。

用白色的指甲油在绿色部分点出白点，在粉色部分画出网格，然后用黑色勾边。

Type 2 橙子

用橙色指甲油在右上方画一个大半圆，用黄色指甲油在半圆外围画一道弧。

用更深的橙色在黄色弧线外再叠加一道圆弧。

以橙色大半圆的中心为圆点，向四周延伸出白色的线条

Type 3 蘑菇

用红色指甲油在甲面上方画出一块伞状的色块。

用深棕色指甲油在红色伞状的下方画出一个蘑菇梗。

在红色部分用黄色指甲油点出均匀的波点。

Type 4 柠檬

用黄色指甲油在甲面上画出两个叠在一起的柠檬形状。

在柠檬下方用绿色指甲油画出三片叶子。

用黑色指甲油为柠檬与叶子勾出轮廓。

Type 5 樱桃

在甲面下方用红色指甲油画出一个类似心形上半部分的色块。

用黑色指甲油在红色色块凹陷处画出樱桃的梗。

在樱桃梗的顶端两侧画出两片蓝色的叶子。

Type 6 奇异果

在甲面上方画一个白色小半圆，在半圆外围画出黄绿色的半环形。

在黄绿色半环形上沿白色半圆的边缘画出绿色的线条。

在绿色线条收缩的一端点出黑色的点。

美食元素的十个好朋友方案 A

冰淇淋色是青春的颜色，它能够随意搭配出自然的休闲感，让人感到沁人心脾的清凉。运用俏皮的冰淇淋图案能起到"减龄"的作用。

冰淇淋造型的水晶耳钉

桃粉色水性指甲油

冰淇淋美甲款式

西瓜手拿包

水润保湿唇膏

印花吊带修身连衣裙

三色渐变冰淇淋斜挎包

冰淇淋艺术鞋跟高跟鞋

软胶手机保护套

冰淇淋色眼影

美食元素的十个好朋友方案 B

柠黄色能展现出阳光健康的气息，加上清爽的柠檬美甲，使整个人更显清新，扫除了沉闷的感觉。

遮阳黑胶伞

柠黄色中袖上衣

柠黄色水性指甲油

柠黄色牛皮手拿包

柠黄色眼影

柠檬与枝叶短裙

柠檬美甲款式

柠檬蕾丝内裤

柠黄色菱格手拿包

漆皮细跟高跟鞋

欢乐而温馨的节日元素基本画法

节日的钟声在耳边敲响，欢乐的气氛悄悄爬上指尖。让爱心、蝴蝶结、圣诞老人……这些可爱的节日元素在你的指甲上演一出情景剧吧！

Type 1 复活节彩蛋元素

用玫粉色指甲油在甲面上画一条横向波浪线。

在甲面下方再画出两条波浪线。在甲面上下边缘画出较圆润的波浪线。

在甲面空余处画三组相互平行的横线。

Type 2 万圣节骷髅元素

在黑色甲面上画出一个白色圆形，并在其下方画一个小方形。

用黑色指甲油在白色圆形上画两个椭圆作为眼睛，再点出鼻子。

画出一条弧线作为嘴巴，在弧线上画出短线作为牙齿。

Type 3 万圣节南瓜元素

在橙色甲面上用黑色指甲油画出两个对称的三角形作为眼睛。

在眼睛下方画出黑色月牙形的嘴巴。

在月牙形嘴巴上画三道相交的小矩形。

Type 4 情人节爱心元素

用粉色指甲油在甲面上画出一个心形，并将其填满。

用玫红色指甲油为粉色心形勾边。

在粉色心形中点出均匀的波点。

Type 5 圣诞节蝴蝶结元素

用玫红色指甲油在甲面上画出两个顶点相连的对称三角形。

在三角形的下方画出两个有弧度的三角形作为蝴蝶结的飘带。

用玫红色指甲油将图形的内部填充完整。

Type 6 圣诞节圣诞老人元素

在白色甲面上方约 1/2 的部分画出红色色块，在下方约 1/3 部分画出肉粉色色块。

在白色色块的上边缘画出一个波浪状色块。

用黑色指甲油画出眼睛，用红色指甲油点出鼻子，然后用白色指甲油画出胡须即可。

节日元素的十个好朋友方案 A

洋溢着满满甜蜜的爱心图案是情人之间爱意传递的极佳方式。尝试用爱心来点缀造型，打造出专属于你的浪漫！

爱心图案皮革手拎包

爱心图案针织衫

爱心镂空镶钻吊坠

爱心元素连衣裙

十字纹牛皮心形挂饰

红色伞形半身裙

西瓜红色水性指甲油

爱心图案尖头平底单鞋

爱心元素美甲款式

波点红心高帮帆布鞋

节日元素的十个好朋友方案 B

童趣十足的圣诞节元素与暖意甚浓的大红色轻松地打造出耀眼夺目的节日造型，打破隆隆冬日的沉闷，让你成为人群中的亮点！

红色爱心围巾手套

圣诞节元素美甲款式

针织毛线帽

红格纹粗针毛线衫

圣诞老人徽章

红色水性指甲油

红格纹呢子半身裙

圣诞老人元素的棉袜

格纹羊毛皮革手拎包

黑色搭扣雪地靴

Chapter 3

玩转指甲油色彩的用色基础方案

用深蓝色来表现高贵、冷艳，用橘黄色来表现热情洋溢，用粉红色来表现俏皮、可爱……根据自己的喜好、穿衣搭配或是心情来选择适合自己的指甲油。通过巧妙运用指甲油的色彩搭配，打造出缤纷、时尚的美甲。

薄荷色
让人一见倾心的颜色
薄荷色能够带给人清爽的视觉感受，这不仅能借助清新的冷色调来中和偏红的手部肤色，还具备色彩延展的属性，塑造出纤长的手指。如果希望指尖看起来清爽、简洁，那么就不要错过薄荷色。

俏皮清爽的配色，清新的小雏菊大放异彩，让甜美升级！

Process

1

以薄荷色指甲油作为底油，将其均匀地涂抹于整个甲面。

2

用点珠棒取白色波点状亮片，依次呈圆弧状粘在甲面的右下方。

3

继续蘸取白色波点状亮片，依次粘在甲面的左上方及左侧中央处。

4

以同样的手法将白色波点状亮片呈花朵状均匀地粘在甲面空余处。

5

继续将白色波点状亮片粘在甲面上方。

6

用点珠棒取金色亮钻，并将其依次点缀在白色花朵的花蕊处。

Item

选择以上这些颜色的指甲油可以打造这款美甲。注意要选择色泽温和的釉面指甲油才能完成这款美甲！

不得不爱！让薄荷色更能展现乖巧感的用法！

学院派！

Process

1

将粉色与薄荷色指甲油以2:1的比例涂抹在甲面上。

2

用雕花笔蘸取白色指甲油，在甲面左侧画出相交的"十"字形。

3

用雕花笔蘸取橙色指甲油，在右侧画出位置更高的"十"字形。

4

蘸取红色指甲油，在粉色色块上画出两条间隔均等的平行线。

5

在平行线两侧画出与平行线相交的纵线，然后在甲面上方描一条横线。

6

用点珠棒取圆形金属片，并均匀而有序地粘在粉色块和绿色块的交界处。

Item

指甲油颜色的饱和度越高，就越能展现不同颜色线段交错的层次感！

甜美升级！让薄荷色显得更精致的用法！

田园风！

Process

Item

清爽的薄荷色与粉嫩的春夏色系相遇，轻松地营造出浓郁的田园风。

1

用白色指甲油作为底油，将甲面约2/3的区域填满，并使边界为弧形。

2

将黄色指甲油呈月牙形涂抹在甲片的顶端。

3

用雕花笔蘸取红色及棕色指甲油，在白色色块处画出小花。

4

蘸取薄荷色指甲油，并沿花朵的周围画出大小均匀的绿叶。

5

蘸取白色指甲油，在黄白色块交界处上方画出交织重叠的半圆。

6

用点珠棒取小钢珠，以花朵状粘在白色色块与透明色块的交界处。

墨绿色
年轻活力的女性也可以驾驭的颜色

提到墨绿色,总会给人一种老气之感。其实,打造合适的图案,墨绿色的指甲油同样能玩转甜美俏皮风格。

融入节日气氛浓郁的趣味性图案,让墨绿色也能瞬间充满童趣!

Item

黄色与红色系打破墨绿色的暗沉感,将墨绿色的生命力完美烘托!

Process

1 用彩绘笔蘸取白色指甲油,在墨绿色的甲面上画出蝴蝶结。

2 以蝴蝶结的结节处为中心,向甲片两侧延伸出两条弧线。

3 用彩绘笔蘸取白色指甲油,在甲面的中央描画出一朵云状图案。

4 蘸取酒红色指甲油,在云状图案的上方画出袜子的形状并填充。

5 蘸取白色指甲油,在袜子上点出两个小圆点作为袜子的小毛球。

6 蘸取酒红色指甲油,勾勒蝴蝶结及系带的轮廓,并画出中间的褶皱。

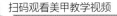
扫码观看美甲教学视频

柔情加倍！让墨绿色配饰更优雅的用法！

法式派！

Process

Item

柔嫩的色系用色调略深的线条来区分，会让指甲更醒目！

1

用紫色指甲油在以珠光色打底的甲面上填满2/3。

2
蘸取黄色指甲油，在紫色色块上方画出一条横向粗线。

3
分别蘸取粉色及红色指甲油，在紫色色块上画出两条粗细不同的纵线。

4

蘸取红色指甲油，在紫色色块上画出两条平行横线与一条纵线。

5

剪取长度适当的银线，用小镊子粘贴在紫色与珠光色块的交界处。

6

用镊子来取金色钢珠与蓝色水钻，依次均匀地粘贴在银线下方。

帅气随性！让墨绿色更具个性的用法！

迷彩风！

Process

Item

1

蘸取墨绿色指甲油，在黄色甲面的右下方画出一个不规则的色块。

2
以同样的手法，紧贴甲面边缘的左侧与右上方画出两个不规则的色块。

3

蘸取黑色指甲油，在左下方边缘处画出一个不规则的色块。

4

蘸取黑色指甲油，在甲面中间画出一个心形图案。

5

用彩绘笔蘸取黑色指甲油，在甲面左上方的空余处画出心形的一半。

6

用彩绘笔蘸取红色指甲油，沿甲片边缘勾勒出一圈细线。

改变样式的迷彩少了严肃的军队气息，使美甲更具时尚感！

粉色

极具少女感的颜色

诠释着甜蜜、浪漫的粉色拥有令人无法抗拒的美，具有"减龄"的效果。粉色美甲不仅能增添柔美气质，还能让你拥有人人羡慕的纤纤玉手，是营造浪漫约会气氛的首选。

点缀亮钻，让指尖更具光泽感，这种简单的组合也能使美甲展现出亮丽光彩！

Process

1. 以白色指甲油作为底油，均匀地涂抹在甲面上。

2. 蘸取粉色闪粉指甲油，在甲面左侧画出两条纵线，中间留空。

3. 蘸取粉色闪粉指甲油，在甲面右侧以同样的手法画出两条纵线。

4. 用彩绘笔蘸取金色闪粉指甲油，并沿甲面左侧纵线的边缘勾勒出轮廓。

5. 继续蘸取金色闪粉指甲油，同样沿甲面右侧纵线边缘勾勒出轮廓。

6. 用点珠棒取粉色菱形亮片，在甲面的空白处不规则地粘贴。

Item

光泽感强的闪粉指甲油能提亮整体甲面的亮度，并能修饰手部较暗的肤色。

Process

1 蘸取黑色指甲油，在粉色甲面的右侧画一条纵线。

2 蘸取黑色指甲油，在甲面下方 1/3 处画一条与纵线相交的横线。

3 在纵线左侧与横线下方各画一条与其平行的细线。

Item

4 在甲面下方画一条横线，在甲面上方 1/3 处画一小段横线。

5 用小镊子夹取蝴蝶结的小贴纸，并依次粘贴在甲面上。

6 用点珠棒取金色小钢珠，粘贴在蝴蝶结中心与粗纵线上。

粉色与黑色碰撞，也能打造出不一样的浪漫甜美！

Process

Item

循序渐进的色调配色方案打造出和谐美，能够给人愉悦的视觉感受。

1 蘸取肉粉色指甲油，在以珠光色打底的甲面中央画一条较粗的纵线。

2 用彩绘笔蘸取红色指甲油，沿肉粉色色块纵向边缘勾勒出两条细线。

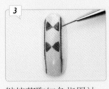

3 继续蘸取红色指甲油，在肉粉色色块上依次画出两个相同的蝴蝶结。

4 以同样的手法画出第三个蝴蝶结。注意三个蝴蝶结之间的间隔要一致。

5 用彩绘笔蘸取白色指甲油，在两侧空余处沿红线画出圆弧状的波浪边。

6 用点珠棒取金色小钢珠，依次粘贴在三个蝴蝶结的中心处。

玫红色
妖媚与柔美兼具的颜色

用玫红色点缀甲面，是提亮整体造型的点睛之笔。明度高的颜色让双手更显纤细柔美，无论是妖媚装扮还是甜美造型都能胜任！

" 大胆的色块拼接，对比强烈的配色，碰撞出玩味的波普风！"

Item

用饱和度高与饱和度低的指甲油更易打造出视觉反差感！

Process

扫码观看美甲教学视频

1

蘸取玫红色指甲油，在以天蓝色打底的甲面上方画出一个倒三角形。

2

用蓝色指甲油画一个三角形与玫红色三角形相连，并继续以同样的手法画三角形。

3

蘸取蓝色指甲油，在甲面上方沿边缘画出一条半弧状的细线。

4

分别蘸取玫红色与蓝色指甲油，画出均等且相连的三角形。注意要留出空余三角形。

5

用彩绘笔蘸取绿色指甲油，将一部分空余的三角形填充完整。

6

用点珠棒取大小不一的亮钻，并粘贴在甲面下方。

利用色块来营造视觉冲击力！

民族风！

Process

Item

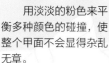

用淡淡的粉色来平衡多种颜色的碰撞，使整个甲面不会显得杂乱无章。

1 蘸取玫红色指甲油，在白色甲面的左上方沿边缘画出斜状的色块。

2 蘸取黄色指甲油，在玫红色色块的右侧画三角形与之相连。

3 蘸取紫色指甲油，在色块拼接的三角空余处画一个三角形。

4 蘸取绿色指甲油，紧贴紫色三角形向右下方画一个不规则色块。

5 蘸取蓝色指甲油，紧贴绿色色块的左侧再画一个色块，使底部留空。

6 蘸取橙色指甲油，将甲面底部余下的空白处填满。

7 剪取长度适当的银线，借助镊子沿玫红色色块的边缘粘贴。

8 以相同的手法，用镊子将长度不等的银线沿色块的交界处粘贴。

天马行空的图案组合方式！

印象派！

Process

1 在甲面上涂一层黑色指甲油，以弧状线条为边界留出1/5的空白。

2 用刷子蘸取红色指甲油，将甲面下方的空白处填充完整。

3 用彩绘笔蘸取白色指甲油，在黑色色块处画出纵向排列的大波点。

4 在纵向波点的两侧沿甲片边缘分别画出大小均匀的半圆。

5 用点珠棒取金色亮珠，并将其粘贴在黑色与红色色块交界处的中心。

6 取更小颗的亮珠，粘贴在大亮珠的正下方。

Item

在元素混搭中掌握不超过三种指甲油主色调的原则，这是美甲达人的必备技能。

73

亮橘色
迸发清新活力的颜色

亮橘色是温暖的颜色，具有明亮、华丽、健康的色感，对指甲有很强的塑造性。亮橘色美甲不仅能衬托细嫩白皙的皮肤，还能赋予你健康的气色。

" 缤纷的色彩交融于指尖，展现出一种随性的闲适感。 "

Item

用明度高的指甲油打造美甲，更能提升吸引力！

Process

1 用橘色指甲油在白色的甲面上下方 1/3 处进行填充。

2 用彩绘笔蘸取黄色指甲油，在中间白色处画出多条不规则的纵线。

3 蘸取蓝色指甲油，同样在白色处画出不规则的线条。

4 蘸取橘色指甲油，以同样的手法画出长短不一的线条进行叠加。

5 用点珠棒取金色方形亮片，沿橘色色块交界处粘贴并留出一定间隔。

6 用小镊子夹取金色小钢珠，在方形亮片的间隔处进行粘贴。

扫码观看美甲教学视频

形象生动！让亮橘色更精致的用法！

写意风！

Process

1 用彩绘笔蘸取白色指甲油，在橘色甲面的下方画一朵花。

2 用彩绘笔蘸取粉色指甲油，在花朵中央由里向外描出细细的花蕊。

3 用彩绘笔蘸取绿色指甲油，沿花朵边缘画出形状不一的三片叶子。

Item

用墨绿色指甲油的点缀来突出亮橘色。

4 用彩绘笔蘸取黑色指甲油，沿白色花朵的边缘勾勒出轮廓。

5 继续用蘸取黑色指甲油的彩绘笔勾勒出绿叶的轮廓与叶片纹路。

6 用点珠棒取形状不一的亮钻，在空余处进行粘贴。

轻描淡写！让亮橘色更大气的用法！

水墨风！

Process

Item

用颜色轻重有度的指甲油来打造和谐统一的美甲。

1 蘸取黑色指甲油，在白色的甲面上画出一个稍斜的"8"字花瓣。

2 继续蘸取黑色指甲油，在相反方向再画一个"8"字花瓣与前一个花瓣相交。

3 蘸取橘色指甲油，并填充右侧的两片花瓣。蘸取蓝色指甲油，并填充左上方的花瓣。

4 用彩绘笔蘸取黄色指甲油，将左下方的花瓣填充完整。

5 用点珠棒取金色环状配饰，在甲面中心依次叠加粘贴。

6 用点珠棒取银色亮钻，在金色的圆环上叠加粘贴。

紫色
演绎万种风情的颜色

极具浪漫色彩的紫色能让你的一举一动都表现出窈窕淑女的气质，可以显露女性妩媚动人的一面，也可以表现可爱温柔的一面，让指尖变得更精致、迷人。

独具风情的图腾与精雕细琢的配饰，是你旅行度假时的制胜法宝！

Process

蘸取白色指甲油，在紫色的甲面上画一个矩形。

用橘色指甲油在白色色块的上下方画两个横块。用玫红色指甲油紧贴橘色横块画两条横线。

用彩绘笔蘸取黄色指甲油，在甲面白色色块中点画一个菱形。

用彩绘笔蘸取蓝色指甲油，在黄色菱形的两侧画出对称的折线图案。

蘸取黑色指甲油，勾勒出蓝色折线的轮廓，并在折线中间各画一条细线。

蘸取橘色指甲油，沿黄色菱形的边缘点出形似火焰状的花边。

用彩绘笔蘸取酒红色指甲油，沿不同色块交界处画横线。

用镊子夹取金色链状配饰，在橘色色块的中间分别横向粘贴。

Item

避免用亮度太高或过于沉重的色调与玫红色搭配，否则会掩盖它的张力。

公主风！

Process

Item

当淡淡的香芋紫色
遇到珍珠白色，优雅精
致的公主气质显露无遗。

1 以紫色指甲油作为底
油，均匀地涂抹在甲
面上。

2 用镊子夹取金色雪花
贴纸，并粘贴在甲面
的左下方。

3 继续夹取雪花贴纸，
粘贴在右下方的边缘。

4 夹取雪花贴纸，并粘贴
在右上方的边缘。

5 夹取雪花贴纸，以相
同的手法沿余下的边
缘进行粘贴。

6 用点珠棒取银色亮
钻，并依次粘贴在贴
纸附近。

轻熟风！

Process

1 蘸取紫色指甲油，在
甲面的上方画出一块
边缘为倒钩状的色块。

2 蘸取玫红色指甲油，在
甲面下方的空白处画出玫
瑰的花瓣及叶子轮廓。

3 分别蘸取玫红色及白
色指甲油，将勾勒好
的花瓣填色。

4 用彩绘笔蘸取蓝色指
甲油，将花朵两侧的叶
子填充完整。

5 用金色闪粉指甲油沿
紫色色块的下边缘勾
边，并在其下方再画
出同样的线条。

6 用镊子夹取金色镂空
的块状亮片，并粘贴
在甲面上方。

Item

薰衣紫色与玫红色
搭配更显高贵、唯美，
让你能够轻松拥有女神
范儿。

宝蓝色
诠释高贵典雅的颜色

宝蓝色是一种纯净而鲜亮的蓝色，它具有强烈的视觉表现力。在美甲中，宝蓝色能表现出女性高贵、自信和淑女的气质，不论是妙龄少女还是职场女性都能驾驭。

明暗对比有助于凸显蓝色质感，半弧形状更能显得手指修长！

Process

1
用蓝色指甲油在白色的甲面上涂满约 1/2 的区域，以弧线为界。

2
用棉棒蘸取蓝色闪粉，并点在蓝色色块上，直至铺满。

3
用彩绘笔蘸取黑色指甲油，沿蓝色色块的边缘勾勒出一条弧线。

4
用点珠棒取金色小亮珠，粘贴在黑线的中点偏右处。

5
继续用点珠棒取金色亮珠，粘贴在黑线的中点处。

6
取一颗金色小亮珠，紧贴着中心亮珠的左侧粘贴。

Item

在黄色与白色指甲油的衬托下，宝蓝色更具有表现力。

Process

1 用彩绘笔蘸取蓝色指甲油，在白色甲面的右侧画一个半圆弧线。

2 以半圆的圆心为中点，在半圆内依次画出间隔一致的三条线段。

3 将半圆内三条线段的末端向外延伸，画出宽约2毫米的圆方形。

Item

4 继续蘸取蓝色指甲油，在延伸出来的圆方形的外侧点出三点略尖的点。

5 用点珠棒取海豚形状的金色贴纸，在白色空余处有序地粘贴。

6 用点珠棒取金色波点亮片，在剩下的白色空余处粘贴。

红色、蓝色、白色是打造水手风的经典配色，能展现出无限的夏日活力。

简约低调！让蓝色更有气质的用法！

田园风！

Item

搭配适当闪粉让清爽的甲面更有亮点，简洁的构图里更突出蓝色的气质。

Process

1 用蓝色指甲油在甲面的右上方画出大小约1/3的弧状色块。

2 在画好的色块的左侧用同样的手法画出略小一点的色块。

3 蘸取白色指甲油，在蓝色区域的上方点出三个均匀的小波点。

4 继续蘸取白色指甲油，在两个色块交接处点出第四个波点。

5 蘸取白色指甲油，以相同手法在蓝色色块的空余处画波点。

6 用金色闪粉甲油沿着蓝色色块的边缘勾勒出轮廓。

蓝白配色完美地融合了海洋的元素，用这款美甲去海边度假吧！

Process

1 用彩绘笔蘸取黑色指甲油，在蓝色甲面的左上方画一个海豚图案。

2 接着在甲面的左下方用黑色指甲油勾勒出一个贝壳图案。

3 在甲面的右上方继续用蘸取黑色指甲油的彩绘笔画出形似五指的线条。

4 蘸取黑色指甲油，紧贴着画好的弧线再画一个稍小的长条形状。

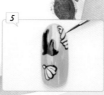

5 用彩绘笔蘸取白色指甲油，将勾勒好的两个贝壳图案的内部填满。

6 用彩绘笔蘸取黑色指甲油，在贝壳图案的内部画出纹路，然后适当点缀亮钻。

Item

闪粉将天蓝色的明快特质完全释放。闪粉越细腻质感越佳！

让色彩更具历史感的画法！

复古风！

Item

轻快的天蓝色与明亮的橘色相碰撞，使手指显得更加白皙！

Process

1

蘸取紫红色指甲油，在蓝色甲面的右下方沿边缘画一个三角形。

2

用彩绘笔蘸取白色指甲油，并沿三角形边缘勾勒出较粗的轮廓。

3

用黑色指甲油紧贴着白色线条的边缘勾边，空一段距离后再画一条。

4

蘸取黑色指甲油，画出一条斜线。

5

蘸取橘色指甲油，以交点为起点分别向两侧各画两条细线。

6

以同样的手法用黑色指甲油画出细线，与橘色线条相邻。

不同寻常的豹纹的呈现方式！

现代风！

Process

1

用蓝色指甲油在白色甲面的左上方及右下方画三角形。

2

蘸取天蓝色指甲油，在甲面的右上方及左下方以同样的手法画三角形。

3

继续蘸取天蓝色指甲油，在甲面中间的空白处画四个不规则的点。

4

蘸取蓝色指甲油，沿不规则点的轮廓点出括弧状的不连贯边缘。

5

剪取长度适当的银边，借助镊子沿四个蓝色色块的边缘进行粘贴。

6

用点珠棒取金色亮珠，分别粘贴在四个三角形的中心处。

Item

用相同色系、不同饱和度的指甲油打造的美甲，简约而不简单！

浆果色
让人气质满分的颜色

　　浆果色不如西瓜红色那样张扬艳丽，也不及酒红色那样深沉厚重，但复古味儿十足的浆果色能够展现出别样的气质，在约会及典礼、宴会上都能使用。浆果色既能烘托出一种优雅得体的气质，又能表现出一种感性的魅力。

以热烈红色为主的美甲款式使用格纹和水果元素中和了艳俗感，给人带来清新感。细碎的亮片闪亮夺目。

Process

1 用彩绘笔蘸取红色指甲油，在白色甲面的上方画一个尖角。

2 蘸取红色指甲油，在空白处以同样的手法画出两个方向不一致的尖角。

3 继续在甲面的左下方画一个尖角，作为樱桃的枝梗。

4 在甲面的左上方用蘸有红色指甲油的彩绘笔画一小段弧线。

5 用彩绘笔蘸取绿色指甲油，在红色枝梗的顶端分别画出叶片。

6 用点珠棒取红色圆形亮片，并粘贴在枝梗的末端。

Item

红色、绿色指甲油相搭配，展现出无限的生机。加入闪粉，更具吸引力！

利落的格纹！让浆果色更简约的用法！

简约派！

Process

1 用彩绘笔蘸取红色指甲油，在白色甲片的左上方画一个菱形。

2 继续蘸取红色指甲油，在画好的菱形下方再画一个与其均等的菱形。

3 蘸取粉色指甲油，以相同的手法在红色菱形的左侧画三个纵向的菱形。

4 用彩绘笔蘸取粉色指甲油，在甲面的右上方再画一个菱形。

5 用镊子分别夹取三段长度不一的金线，以菱形的中点为轴依次粘贴。

6 继续夹取两段金线，沿着菱形的中点斜向粘贴，与纵向金线相交。

Item

点缀金线，让柔美的红色系指甲油演绎出别具一格的硬朗与摩登感！

狂野的图纹！让浆果色更性感的用法！

野性派！

Process

Item

色泽强烈的釉面指甲油或带亮片的指甲油更能打造突破常规的狂野不羁感。

1 用红色指甲油在粉色甲面约2/3区域画一条弧线，并将该部分填满。

2 用彩绘笔蘸取黄色指甲油，在粉色部分画三个不规则的色块。

3 用彩绘笔蘸取黑色指甲油，在粉色部分的右侧画一条黑色粗线。

4 继续蘸取黑色指甲油，在粉色部分继续描画黑色不规则的图案。

5 用点珠棒取星星钻饰，粘贴在红色与粉色色块交界处的左边。

6 用点珠棒取圆形亮钻与亮片，沿交界处依次均匀地粘贴。

Process

1

用红色指甲油将白色甲面上下方约1/4处填满。

2

用红色指甲油在中间白色部分的两侧画两条紧贴边缘的细线。

3

用彩绘笔蘸取黑色指甲油，在白色部分画出不规则的豹纹图案。

4

用金色闪粉指甲油沿白色方形色块的边缘勾勒出轮廓。

5

用点珠棒取银色亮钻，粘贴在金色方框的四个角上。

6

用点珠棒取金色钢珠和银色亮钻，沿金边均匀地粘贴。

Item

用饱和度较高的经典色彩打造出更具吸引力的潮范儿！

当耀眼的红色遇上野性的黑白豹纹图案，能让你成为派对中闪亮的焦点！

正红色
让人脱颖而出的颜色

奔放而浓烈的正红色是明度和饱和度极高的颜色，它既可以打造出热情的款式，又可以展现高贵浪漫的气质。如果不甘于在人群中黯然失色，那么不能错过鲜亮的正红色。

柔美曲线！让红色更温婉的搭配方法！

淑女派！

Process

Item

掌握同色系的搭配法则，运用高饱和度的指甲油更能凸显图案纹路。

1 用红色指甲油填满甲面的 1/5，紧接着用粉色指甲油填满余下区域的 2/3，均以弧线为界。

2 用彩绘笔蘸取红色指甲油，在粉色部分的中心画三个花朵图案。

3 继续蘸取红色指甲油，在粉色部分的两侧分别画出同样的花朵图案。

4 用彩绘笔蘸取绿色指甲油，沿画好的花朵边缘延伸出叶片。

5 用彩绘笔蘸取白色指甲油，在粉色部分的空余处点出白色的小波点。

6 用金色闪粉指甲油，沿粉色色块的上下边缘勾画两条金线轮廓。

个性十足！让红色更俏皮的用法！

可爱风！

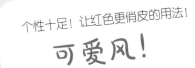

Process

1 以肉粉色指甲油作为底油，均匀地涂抹在甲面上。

2 蘸取黑色指甲油，在甲面左侧及右下方点拉出形似花瓣的线条。

3 蘸取红色指甲油，沿黑色线条外围以同样的手法点出弧状红边。

Item

4 用彩绘笔蘸取黑色指甲油，在甲面空余处点出不规则的豹纹黑点。

5 继续用蘸取黑色指甲油的彩绘笔在甲面中部描绘出不规则的点。

6 以同样的手法在甲面上方点出黑点，让黑点均匀地布满甲面。

黑色与红色搭配，能打造出毫不违和的俏皮可爱感。

明亮色感的柠黄色与用柔化和渐变的方式共同体现年轻活力。

Process

用黄色指甲油在白色甲面的右侧紧贴边缘画出一条粗纵线。

蘸取绿色指甲油，在甲面上方1/4处画一条与纵线相交的粗横线。

蘸取红色指甲油，在甲面中下方画一条更粗的横线。

Item

继续用红色指甲油在甲面左侧紧贴边缘画一条粗纵线，与黄线对称。

用彩绘笔蘸取绿色指甲油，在甲面右侧黄色色块边缘画一条细纵线。

用金色闪粉指甲油在甲面左侧与下方各画一条纵线和横线。

用粉色与草绿色来调和柠黄色的高明度，在色调对比中达到和谐统一。

塑造印象派水粉画的质感！

田园风！

Process

1 用白色指甲油在透明甲片的右侧与下方紧贴边缘画出云朵状图案。

2 继续用白色指甲油以同样的手法在甲面左侧和上方画出云朵图案。

3 用彩绘笔蘸取粉色指甲油，在云朵相隔的间隙处点出三个粉红色点。

4 蘸取黄色指甲油，在甲面左下方的间隙处画出一个黄色色块。

5 蘸取蓝色指甲油，以同样的方法在右上方的间隙处画出蓝色色块。

6 用彩绘笔蘸取红色指甲油，将画好的图案勾勒出轮廓。

Item

指甲油釉面越平滑越能体现温和色调与纯色指甲油的质感。

塑造适度的视觉冲击力！

现代风！

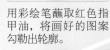

Item

鲜艳的橘色与黄色带来温暖的视觉感，可以打造出明亮感的美甲！

Process

1 用黑色指甲油填满白色甲面的2/3部分，并以弧线为界。

2 用彩绘笔蘸取白色指甲油，在黑色色块的左侧与右下方画出花朵图案。

3 继续用蘸取白色指甲油的彩绘笔在甲面的上方画出白色花朵。

4 以同样的手法用白色指甲油在黑色色块的余下部分画出最后一朵花。

5 用彩绘笔蘸取黄色指甲油，在白色花朵的中心处点上圆形花蕊。

6 用点珠棒取金色圆形金属片，粘贴在两个色块交界处的左侧。

1 蘸取紫红色指甲油，画一条横线与弧线，再在横线上描出一个矩形与一个菱形。

2 用彩绘笔蘸取蓝色甲油，将矩形与菱形重叠的部分填充完整。

3 蘸取黄色甲油，将矩形余下的四个空白角填充完整。

4 蘸取咖啡色指甲油，将半圆弧线以上，矩形与菱形之外的部分填满。

5 蘸取黑色指甲油，在弧线下方画出粗细不一的线条。

6 用点珠棒取金色小钢珠，沿弧线均匀地粘贴。注意间隔要一致。

以上颜色的指甲油能在色彩的碰撞中打造出独具波西米亚风情的美甲！

" 几何图案与朦胧线条的碰撞，将异域风情展现得淋漓尽致。 "

咖啡色
展现法式优雅的颜色

咖啡色属于中性暖色色调，能给人一种优雅、朴素、庄重而不失雅致的感觉。咖啡色可以广泛地运用于正式场合及各种舞会晚宴中，能够打造出低调而不失优雅的法式风情。

经典元素的革新组合及用色！

英伦风！

Process

Item

在色彩饱和度上有递进关系的配色组合，让甲面在看似繁复的层次中也不会显得杂乱。

1 蘸取咖啡色指甲油，在黄色甲面的下方填满1/5的区域。

2 用橙色指甲油在甲面黄色部分的中间及左侧画出整齐而有序的菱形。

3 以相同的颜色及手法，将黄色余下的部分也画满大小一致的菱形。

4 继续蘸取橙色指甲油，将左中右三列菱形用彩绘笔填色。

5 蘸取红色指甲油，以菱形的中点为交点，画出平行的左斜线及右斜线。

6 用点珠棒取金色方形金属片，粘贴在黄色与咖啡色交界处。

打造媲美昂贵衣料的奢华质感！

典雅派！

Process

Item

1 以肉粉色指甲油为底油，均匀地涂抹在甲面上。

2 蘸取咖啡色指甲油，在甲面右侧画出图腾花纹。

3 用蘸取咖啡色指甲油的彩绘笔在甲面的左上方画一个心形。

4 继续蘸取咖啡色指甲油，将甲面的左侧及下方也画出图腾花纹。

5 在甲面中央用蘸取咖啡色指甲油的彩绘笔画一个嫩芽形。

6 用点珠棒取金色与银色亮钻，粘贴在甲面的下方。

深浅不一的同色系相搭配，让循序渐进的美感恰到好处地呈现出来。

1 将银色指甲油均匀地涂抹在甲面上。

2 蘸取黑色指甲油，在甲面下方画一个线条略弯的尖角。

3 蘸取黑色指甲油，将尖角以上的左侧部分填满。

具有金属反光特性的指甲油更能突出甲片的质感！

4 继续用黑色指甲油将尖角以上的右侧部分也填满。

5 剪取长度适当的拉链贴纸，用镊子将其粘贴在黑色与银色的交界处。

6 继续夹取拉链贴纸，在交界线与尖角的顶点处进行粘贴。

画面感十足的图纹彰显着与众不同，抒写个性宣言！

黑色
打造百变造型的颜色

　　或冷酷黑暗，或高雅大气，神秘的黑色能演绎亦柔亦刚的中性魅力，从极致性感到高街时尚无所不能。黑色更能衬托出白皙肤色，是必备的百搭利器。

个性碰撞！让黑色更柔美的用法！

率性风！

Process

1 蘸取白色指甲油，在黑色甲面的上方画出花朵图案。

2 使用白色指甲油画出枝叶，然后蘸取红色指甲油，为左侧的一朵花填色。

3 蘸取黄色指甲油，并填充右上方的花朵。再用蓝色指甲油填充右下方的花朵。

Item

4 分别用黄色指甲油与红色指甲油为左右两侧的花朵点上花蕊。

5 用彩绘笔蘸取绿色指甲油，为花朵间隔处的枝叶填色。

6 用彩绘笔蘸取白色指甲油，在花朵周围点上均匀的小波点。

多种颜色进行混搭时，要注重色彩饱和度的一致，这样才不会造成轻重失衡。

创意十足的组合方式！

原宿风！

Item

黑白碰撞是不会出错的经典搭配方式，融入趣味元素，更能彰显个性。

Process

1 将白色指甲油涂抹在甲面上的2/3处，并以弧线为界。

2 蘸取黑色指甲油，贴近白色部分的上方与下方画出月牙形。

3 用黑色指甲油在黑色色块中间的空余部分画出三颗星星。

4 蘸取白色指甲油，在黑色部分画出星星。注意中间的星星留空不填色。

5 用点珠棒取星星亮片，粘贴在中间一行星星的间隔处。

6 用点珠棒取银色小亮钻，逐一粘贴在黑色部分星星的间隔处。

春夏秋冬的美甲色彩搭配方案

　　五颜六色的指甲油展现出时尚女性的个性宣言。春季的清新粉嫩、夏季的鲜亮炫目、秋季的温和柔美、冬季的深邃浓烈，在琳琅满目的色调中挑选与春夏秋冬相得益彰的美甲颜色，完美地演绎出美甲达人的时尚魅力！

春季美甲色彩搭配方案

粉色

　　甜美的樱花粉遇上淡淡的粉蓝色或是珍珠白色，轻盈的色调组合让浪漫柔美的粉色系指甲油更契合春日的主题。

黄色

　　黄色指甲油与红色、绿色的单品搭配，能给人春意盎然的生机感。饱和度高的颜色组合让皮肤看上去更具光泽。

白色

　　白色是明度最高的颜色，其与粉色系相搭会让女人味儿展现得淋漓尽致，为肤色与甜美气质加分。

草绿色

　　令人感到清新的草绿色与同色系单品相搭也不会显得突兀。深浅不一的色调可为整体造型增添层次感，是森系少女不可错过的穿搭方式！

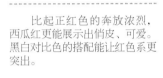

西瓜红色

比起正红色的奔放浓烈，西瓜红更能展示出俏皮、可爱。黑白对比色的搭配能让红色系更突出。

橘色

靓丽而清爽的橘色与橙黄色及浅蓝色单品组合，激发出无限的夏日活力，让皮肤显得明亮而白皙。

柠黄色

棕色单品能让如夏日骄阳般明亮耀眼的柠黄色不会过于张扬。想要沉稳又不失活泼感的搭配不妨尝试一下此款搭配。

小蓝色

清澈的水蓝色与纯净通透的白色搭配，充满新鲜与清爽，将夏日的燥热一扫而光！

卡其色

含蓄优雅的卡其色如一杯香醇的摩卡暖意绵绵，与棕色系单品搭配，更能凸显气质。

酒红色

色彩浓重的酒红色具有别样的魅力，与庄重沉稳的黑色相融，将优雅柔美的女人味儿展现得淋漓尽致。

银色

亮眼炫目的银色让秋日造型不再黯淡无光，机车皮衣与牛仔裤、马丁靴搭配潮范儿十足！

墨绿色

墨绿色无论是采用现代风格还是复古基调的搭配，都能融会贯通，仿若一气呵成。

黑色

　　黑色无疑是冬季的首选色，热情明艳的红色单品使经典的黑色美甲展现出不可抗拒的俏皮感！

驼色

　　温暖厚重的驼色与卡其色搭配是不会出错的选择，饱和度不一的驼色系能够打造出不刻板的知性优雅。

灰色

　　低调内敛的灰色是优雅酷女郎的最爱。由黑色、白色、灰色构成的层次感，可以媲美甚至超越艳丽的色彩。

宝蓝色

　　静谧深邃的宝蓝色在灰色单品的衬托下不会过于厚重、压抑，适度的柔和感让熟女气质更具亲和力。

穿搭达人的美甲颜色与服装搭配方案

　　时尚不只是停留在妆容、服饰上，美甲的颜色也是时尚的一种体现。完美的美甲颜色能增加时尚感。巧妙地运用色彩，塑造出百变的造型，掌握不同风格的色彩搭配法则，可以成功地晋升为时尚而出众的穿搭达人！

现代风格：金属银

　　亮眼的银色给人们更多的是炫目的未来感。几何线条与造型感十足的金属色单品搭配，让银色更具摩登魅力！

复古风格：车厘子红

　　经典的车厘子红传递着复古格调，20世纪80年代的格纹款式演绎出复古的优雅，整体造型展现出浓郁的怀旧韵味。

甜美风格：樱花粉

　　极具女人味儿的粉色满足了女性不老的少女心。纯白色与淡金色的碰撞让粉色的甜美度十足，是浪漫约会的必备之选！

中性风格：神秘黑

　　个性十足的你对粉嫩甜美嗤之以鼻？或冷酷黑暗，或高雅大气，神秘的黑色能演绎出亦柔亦刚的中性魅力，再搭配金属色单品酷感飙升。

运动风格：红色

活力四射、热情洋溢的红色极具动感气息，与经典的黑色、白色相搭能轻松地打造出完美运动的造型！

奢华风格：金色

金色无疑是奢华的代名词，而黑色能够驾驭金色的光芒，与身上任何的金色都能构成强烈对比，从极致奢华到高街时尚无所不能。

校园风格：天蓝色

源于天际的蓝色清澈而明朗，洋溢着清新活力。在炎炎夏日里搭配白色的鞋子与牛仔单品，非常出彩！

职场风格：灰色

灰色指甲油与黑色、白色服饰相搭，凸显稳重与高品位。黑色、白色、灰色的层层质感，打造干练精明的形象，让你在职场自如穿梭！

关于美甲颜色与肤色搭配的 Q&A

　　琳琅满目、花样繁复的美甲是否让你心动不已？但天马行空的用色是否让你在美甲颜色的选择前望而却步？肤色是影响美甲颜色选择的第一步，学会利用美甲颜色来掩饰手部缺点、弱化肤色不足，能打造个性十足的专属美甲，还能增强整体造型的时尚感！

Q：手部肤色比较黑，又想尝试使用浅色指甲油该怎么办？

　　A：可以选择柑橘色调（如柠黄色、青柠绿色、橙色等）的指甲油，柑橘色调能中和肤色中的黑色和黄色，让皮肤显得明亮、白皙。建议在肤色较黑的情况下不要选择浅紫色、浅蓝色、浅绿色等，否则会让皮肤中的黑色和黄色更明显。

Q：手部肤色偏黑，却又想尝试使用亮色指甲油该怎么办？

　　A：肤色偏黑的人会有些萎靡不振的感觉，如果想要给人精神饱满的印象，应选用颜色适合的指甲油。可以选择闪闪发光的金色及古铜色，甚至也可以尝试一下耀眼的大红色。总之，亮色能为手部皮肤带来相互辉映的效果。

Q：手部皮肤偏红，又想尝试使用浅色指甲油该怎么办？

　　A：红润的皮肤给人健康的感觉，但是手部发红却显得浮肿。这时尝试使用浅色指甲油，可以选择淡粉色、淡褐色、淡米色或偏红色的浅色指甲油来中和发红的手部肤色。要避免涂抹发白的指甲油，否则会使发红的肤色变得更加明显。

Q：手部皮肤偏黄，又想尝试使用深色指甲油该怎么办？

　　A：可以选择相对中性的深色调来平衡偏黄的肤色，宝蓝色、巧克力色、酒红色都是不错的选择。正红色与黑色还能起到显白的作用。避免选择珠光色系与深紫色、咖啡色或暗绿色等，这些色彩会让你的肤色看起来更加黯淡无光。

Q：对于冷色调的皮肤也想尝试使用红色调指甲油该怎么办？

　　A：手腕处的血管呈蓝色或紫色则为冷色调的肤色，其应该选择以蓝色调为主的红色指甲油，如酒红色和巧克力红色等比较深的色调都非常适合，能衬托出具有冷色调肤色的人的气质。切记避免使用金红色、铜红色。

Q：对于暖色调的皮肤也想尝试使用红色调的指甲油该怎么办？

A：手腕上的血管呈浅绿色或橄榄色则为暖色调皮肤，这种肌肤适合使用番茄红色、红褐色和栗红色的指甲油，可以中和皮肤中的黄色。一定要远离具有蓝调的红色、正红色和特别暗的红色，这些色调会让皮肤显得暗而发黑。

Q：指甲油的颜色怎么选，才能让苍白的肤色显得健康而有光泽？

A：明度与饱和度都极高的正红色能让过于苍白的皮肤显现出好气色。如果想使手指看起来较自然，或者看起来有健康的光泽，可以选用接近肤色的中间红色系、淡的粉红色系来减弱苍白感，使手指呈红润而健康的状态。

Q：指甲油的颜色怎么选，才能让较暗的肤色也具有白皙光彩呢？

A：如果皮肤偏暗，可以选择一些相对中性的色彩从色调上达到一种平衡。通常比较有光泽感的亮色（如宝蓝色、墨绿色、珊瑚色）指甲油都可以起到使肤色显白的作用。正红色、黑色也能够起到使肤色显白的作用。

Q：指甲油的颜色怎么选，才能让偏黄的皮肤营造出可爱之感？

A：如果肤色偏黄，但还想要营造一种可爱的感觉，尝试用白色或偏白的灰色指甲油，可以营造出洁净亮丽的感觉。但粉色指甲油可能会让皮肤看起来脏脏的。偏灰色的柔和色调也能中和发黄的肤色，使泛黄的指部的色泽变得自然。

Q：指甲油的颜色怎么选，才能让黑色皮肤具有抢镜效果？

A：黑色皮肤最好的搭配就是金银色指甲油，涂着比白色皮肤的人好看，很炫目。各种饱和度较高的糖果色（如明黄）或带闪光成分的指甲油也很适合黑色皮肤。不要用暗色指甲油，如暗紫红色、暗绿色等，否则会令指甲看上去不健康，而且令手显老、显黑。

Q：指甲油的颜色怎么选，才能让秋冬里的偏黄皮肤不再有病态感？

A：手部偏黄的人会给人一种亚健康的感觉，尤其是秋冬季的衣服的颜色都偏深，所以用指甲油颜色来调整整个肤色的亮度是关键所在。在秋冬季，手部肤色偏黄的人可以选择裸肤色、香槟色、浅橙色和棕灰色系的指甲油，从视觉上提亮手部肤色，去除病态感。

Chapter 4

根据场合变换的
美甲方案

出席各类场合时，即使是小小的指甲也要展现不同的气质。选择恰当的颜色、花纹、美甲款式，将你的气质从妆容、服饰延伸到手指，提升造型的完整度，从细节处体现精致感，让你成为闪耀的明星。

Item

打破职场中一成不变的黑白灰配色，蓝白配色也能让你的甲面显得简约、干练，为朴素的职业装增色。

" 过于张扬的美甲不适合我的工作场合，但又厌倦了日常工作中的黑色、白色、灰色与呆板生硬的美甲，所以想要一款低调而不俗气的通勤美甲。 "

适合工作日的美甲款式

蓝白组合的法式美甲清爽而干练，几何与条纹的碰撞简约而不显浮夸。

既不能太张扬，又不能过于低调，这款美甲简洁的构图与清爽的配色让美甲不显浮夸，提升了简约造型的格调，多了一分干练的气息，打造充满自信的职场女性造型！

简约又不失格调，让你成为大受好评的办公室女郎！

Nail Style

Process

几何图案与线条搭配，打造出利落感

上班时很注重工作效率，在美甲中也应该尽量体现干练的特点。不烦琐的几何色块、干净利落的线条与恰到好处的配饰很好地体现了你的工作风格，也能让上司更好地欣赏你不俗的品位，并给人留下知性、从容的好印象。

1

用白色指甲油涂抹出以尖角为界的色块，用蓝色指甲油画三条纵线。

2

用玫红色指甲油沿中间及右侧纵线的左边画出更细的纵线。

3

用点珠棒取方形金属片及圆形亮钻，粘贴在白色色块的下边缘。

4

取方形金属片及小钢珠，粘贴在圆形亮钻的上下方。

另外两种建议

Item

水墨画派的图案的随性感用利落的线条进行收敛，拿捏有度的配色方案很好地协调了手指的美感。

不只是严谨的单色美甲才是工作日的最佳搭档，轻重有度的水墨印染美甲同样可以画于指上！

"我偏爱多样化的花样美甲，上班时也想要一款带图案的美甲，以使千篇一律的职业装看上去不会显得太严肃、呆板。"

扫码观看美甲教学视频

适合职场白领的美甲款式

对线条与色彩的拿捏有度，用艺术感美甲打破职场的传统桎梏。

不需要花太多时间和技巧的美甲更适合职场女性，这既恪守职场戒令，又在无形中提升了简约造型的格调。在图案上稍加用心就能增强女性魅力！

简约而不简单的美甲是你在职场中游刃有余的关键！

Nail Style

Process

用黄色、浅蓝色与深蓝色指甲油在甲面上点出大小不一的点。

用彩绘笔将甲面的左半部分的圆点相互交错地晕染。

以相同的手法晕染甲面的右半部分，使整个甲面成晕染状。

用黑色指甲油在甲面上画出几条交错的线条，并在交点处贴上金色亮珠。

具有艺术感的图案打破职场的沉闷感

线条自然的甲片与变幻莫测的图案让美甲变得更有艺术气息。只要对颜色与图案掌控得当，提线拉花、水墨印染等也能运用到通勤美甲中，为严肃、呆板的职业装增添一种女性的柔美精致感，打破职场的桎梏，获得同事们的赞许。

另外两种建议

撞色让指甲充满活力，在图案上也尝试将多种元素碰撞，同样能让你感到惊讶。

"

这周的周末派对以大胆玩味为主题。我比较喜欢活力、随性的装束，而不是拘谨的小礼服，所以想要一款有趣味性、有"减龄"效果的美甲来搭配衣服。

"

适合周末派对的美甲款式

大胆地尝试混搭不同图案。元素多样化的美甲看上去更丰富有趣！

玩乐轻松，率性自由是派对中应该呈现的样子。趣味出彩的美甲让你尽享无拘无束的玩乐心情。不必拘泥于同种风格，不拘一格的尝试更让人惊喜！

Nail Style

大胆尝试多种元素混搭！在派对中尽情释放自己！

Process

用红色指甲油在白色甲面的两侧画两个三角形，在中间画一条粗纵线。

沿红色色块的中线用小镊子粘贴长度一致的金线。

用点珠棒取两颗亮钻，分别粘贴在纵线末端的空余处。

取蓝色闪钻，粘贴在红色粗纵线的末端。

趣味图案让造型具有"减龄"效果

将童趣十足的元素画于指上，色彩对比鲜明，极富立体感与视觉感，诠释你的精灵古怪，让造型玩味十足，还有"减龄"效果。把各种热烈的情绪通过色彩表达并混搭在一起，自由奔放的感觉让人释放自己。

另外两种建议

Item

美式经典的配色碰撞出不拘一格的率性与自由。还可以尝试波西米亚与异域风情的美甲款式，带有地域特点的美甲给你带来不一样的惊喜！

" 我喜欢比较活泼的颜色，不希望看起来太成熟。由于我的衣服基本都是休闲风格，所以也想要美甲看起来轻松、休闲。"

红、蓝两种色调碰撞出活力感，星形和条纹的运用极具创意和个性。

扫码观看美甲教学视频

适合休闲玩乐的美甲款式

让全身充满年轻活力，用指尖的美式经典配色碰撞出率性、自由的个性主张！

色彩悦目、元素活泼的美甲能让心情更加愉悦！这种美甲不仅能使手部皮肤显得白皙，还能表达出年轻的自信宣言。换上让你自信而舒适的衣服，享受无拘无束的派对时光吧！

甜中带一点点辣，这就是派对中你要呈现的样子！

Nail Style

Process

1

用蓝色指甲油在白色甲面的右上方画一块三角形色块。

2

用红色指甲油在左侧与右下方画两个类似三角形的色块。

3

在蓝色色块上用白色指甲油画出大小一致的星形图案。

4

用点珠棒取星形亮片，在甲面下方沿白色边缘进行粘贴。

美式经典配色带来的年轻感

高饱和色会持续流行，色彩艳丽的美甲仍然是以后的主流。另外，年轻的元素也可以多加尝试，如星纹、十字纹、米字纹与几何条纹等都能通过色彩来展现不俗的张力，这些元素在指甲这个小小的区域上的存在感极强。

另外两种建议

别出心裁的贴花让男友感受到你的用心。在指尖稍加色彩的法式画法延伸了手指的长度，令双手看上去更优雅。

"我的衣服都以浅色系为主，男友也更喜欢我素雅的穿着，所以我想要一款具有同样风格的美甲来搭配衣服。"

适合与男友约会的美甲款式

精致的贴花流露出不俗的品位，淡雅的色调为约会装束增添一分温柔。

要给男友留下好印象，不过分张扬又能凸显精致柔美的美甲是重点。色调柔和、图案精致的美甲让约会气氛暖意浓浓。换上一袭雪纺长裙，将女人味儿展现得淋漓尽致！

不经意的温柔在纤纤玉指中悄悄绽放！吸引男友的目光！

Nail Style

Process

1

将奶黄色指甲油均匀地涂抹在甲面上。

2

用镊子夹取蓝色贴花，沿甲面左侧边缘粘贴。

3

继续夹取相同面积的贴花，沿右侧边缘粘贴。

4

以同样的手法将贴花粘贴在甲面下方边缘的空余处。

精致贴花更显细腻柔情

美甲贴纸具有精美的图案与细腻的纹路，其镂空感更显示出一种时尚感，具有极强的搭配性，能瞬间将感性和细腻的女性柔情赋予平淡的甲面，打造细腻、精致，这在美甲潮流中越来越受追捧。

另外两种建议

Item

可爱中带着俏皮感，在色调对比中收放自如。这款不过分甜美的可爱型美甲，增加男友对你的好感度。

" 一向不走淑女路线的我更偏爱可爱的造型。我想要一款既符合我开朗外向的个性，又不过分甜美的个性美甲来吸引男友的目光。"

粉色、爱心、水钻……这些与甜蜜爱情密不可分的元素打造完美约会美甲！

适合情人节的美甲款式

用粉色与心形放大甜蜜感，打造出吸引男友目光的美甲细节！

如何在约会中迅速吸引男友的目光？色彩明亮、俏皮可爱的美甲是一种不错的选择，
它还能让约会的甜蜜指数上升，陪你共享轻松愉悦的愉快时光！

Nail Style

露出你的俏皮感，可爱的造型会是男友欣赏你的关键！

Process

1

用黑色指甲油在粉色甲面上画出英文单词"yes"。

2

继续用黑色指甲油在"yes"之后画出一个感叹号。

3

用黑色指甲油在甲面约1/2处画出半个对话框的形状。

4

用点珠棒取玫红色亮片，均匀地粘贴在甲面上方。

甜蜜元素烘托约会气氛

　　粉色、红色、黄色等暖色都属于约会常用的色系，容易给人一种温暖、甜蜜的视觉感受。以这些色系的一种作为主色调，再加以爱心、蝴蝶结、波点等甜蜜元素，诠释浪漫情怀，让对方感受到你的细致与美丽，更好地烘托约会的甜蜜气氛。

另外两种建议

Item

暖色系的基调配以珠光的装饰，提升了手部皮肤的白皙度，令人在举手投足之间流露出一种优雅的气质。

" 我的着装比较保守、传统，也不会轻易尝试太张扬的款式，所以想要一款经典耐看的美甲来搭配着装。"

适合和闺蜜喝下午茶的美甲款式

用粉色系与千鸟格打造的气质美甲，让端着咖啡杯的手指更显精致。

没有过多复杂的装饰，优雅大方、简约随性的美甲非常符合下午茶悠闲放松的格调。
换上一身舒适且不失品位的衣服，与闺蜜一起享受午后阳光的惬意！

Nail Style

精致的午后茶点，搭配优雅大方的美甲会更完美！

Process

1

用黑色与粉色珠光指甲油各填满甲面的1/2。

2

夹取千鸟格的贴纸，粘贴在黑色部分。

3

取银色亮珠，粘贴在粉色与贴纸的交界处。

4

取金色钢珠与金属片，粘贴在交界处的空余位置。

经典元素打造气质女王

经典元素是在时尚舞台反复出现的佼佼者，有着新潮流不可撼动的地位。美甲作为时尚敏锐度极高的装饰，经久不衰的千鸟格图案必不可少。除此之外，英伦格纹、美式条纹、波卡尔圆点等经典元素也是打造气质型美甲的利器。

另外两种建议

Item

聪明的"留白"处理，使甲面既丰富又简约，可以轻松地演绎出都市的时尚范儿。

"
我的风格比较百变，既有随性的休闲装也有精致的淑女装，所以希望用一款比较百搭的美甲来满足我的多变造型。
"

色调温和的色系融合舒服而流畅的图案，让你多一分自在随意。

适合午后闲聊的美甲款式

随性的印花组合与适度的"留白"处理，让午后的心情更为放松、惬意。

规规矩矩的图案会让美甲看起来隆重而刻意。想要具有创意的组合美甲就尝试将多样的女性化贴纸与条纹组合吧！契合主题的美甲贴纸迎合了下午茶的氛围，优雅而不刻意。

在自在随意中彰显个性主张，让闺蜜对你刮目相看！

Nail Style

Process

用黑色指甲油在白色甲面的中央画一条横线。

继续在右上方画两条纵线，注意粗细相邻。

用粉色闪粉指甲油在左上方画两条纵线。

夹取白色波点蝴蝶结配饰，粘贴在甲面中心。

适当"留白"带来轻松惬意感

无需遵从一丝不苟的法则。中规中矩的构图会让美甲看起来缺乏活力感，让简约的美甲显得从容、时尚是显示美甲达人的能力所在。在甲面上适当地"留白"，给予指尖更多的空间，在衬托肤色的同时打造风格轻松、自在而不刻意的美甲，这也避免了繁复无章的图案给人带来视觉困扰。

另外两种建议

Item

此款美甲既有内敛的色调，又有跳跃的亮色。不必费心地搭配，即可打造出率性自由的风格。

" 相对于张扬的衣着，我的衣服显得比较平淡。我想要一款色调温和又独具特色的美甲来给衣着增加亮点。"

适合生日派对的美甲款式

混搭不同的色调来彰显个性，在欢乐中尽情地展现缤纷多彩的美感。

个性创意、耀眼张扬的美甲风格烘托出生日派对大胆欢乐的主旋律！别再拘泥于千篇一律的图案组合，大胆尝试更多的元素碰撞，尽享派对的欢乐吧！

创意组合彰显与众不同，这是在派对中成为焦点的法宝！

Nail Style

Process

1

用紫红色指甲油在白色甲面上画五条纵线。

2

在纵线末端画出花苞。注意加深颜色。

3

蘸取紫红色指甲油，在甲面左中右三条纵线的末端加深。

4

夹取英文单词的贴纸，粘贴在纵线上。

色调不一致也能打造平衡感

多种色调在明暗对比中得到平衡，浅蓝色、奶黄色、香芋紫色在紫红色的衬托下不会显得暗淡无光。如果美甲采用了多种颜色，选取其中一种主色作为服装的主色调，会带给你出乎意料的效果。

另外两种建议

119

Item

璀璨的亮片无疑是引人注目的法宝，各色斜条纹有层次地叠加，让美甲更加饱满丰富。

" 我的衣服偏于中性，大多都是偏暗的色系，所以想在美甲上增加亮点，让全身造型更具吸引力。"

摒弃平日的循规蹈矩，将极富视觉感的色彩叠加、碰撞，使你成为全场的焦点。

适合户外音乐节的美甲款式

用耀眼的亮片为不拘一格的图案打造光感效果，使人轻松地吸引全场的目光！

缤纷抢眼的色彩展现出极具张力的魅力，让你的整体造型瞬间跳出灰暗与平淡。金属饰品的反光特性能让你成为整个派对闪耀的焦点！

诠释无拘无束的率性自由，让你在户外音乐节中焕然一新！

Nail Style

Process

以黑色指甲油作底油，均匀地涂抹在甲面上。

用棉棒蘸取适量亮片指甲油，并涂抹在甲面上。

用白色指甲油在甲面上画出闪电形，再用黄色指甲油覆盖上。

用黑色指甲油勾勒闪电图案，并用亮片指甲油在亮片部分加深。

高对比的色彩制造时髦反差感

中指的美甲颜色、图案与另外四根手指的美甲形成较大的反差，高对比的色彩和繁简搭配的图案给人强烈的视觉冲击力，用这种混搭方式来打造时髦感。多尝试一些西方风格或者前卫艺术风格的造型，更能与派对本身的张扬及休闲玩乐的特点相契合。

另外两种建议

Item

清新简洁的搭配展现出少女的开朗，这款美甲更适合有甜美气息的你。

> 我的衣服大多比较朴素，我不喜欢太花哨、张扬的款式，所以希望用一款同样简洁大方的美甲来参加家庭聚会。

适合家庭聚会的美甲款式

粉蓝配色打造质朴田园风，简洁大方的构图展现出乖乖女形象。

带着荧光色或夸张涂鸦的美甲去参加家庭聚会，会给长辈留下不好的印象。一款颜色柔和、图案简单的美甲能为你的整体造型加分。

看起来乖乖的，让长辈对你更加疼爱！

Nail Style

Process

1
用深蓝色及浅蓝色指甲油各填满甲面的1/2。

2
蘸取深蓝色指甲油，在浅蓝色部分画一条纵向的虚线。

3
继续画另一条纵向的虚线，并在甲面颜色的交界处附近画一条横虚线。

4
用相同的手法在深蓝色部分画出虚线条。

质朴田园风塑造乖乖女美甲款式

粉色、蓝色等都是极具亲和力的色彩，也是女性打造田园风最爱的色系。粗格纹等图案是彰显舒适、淡雅的元素，用质朴田园风展现邻家女孩的乖巧可爱感。图案拼接的样式让你变得更有亲和力。

另外两种建议

Item

多色块的碰撞通过纯色进行调和，让指尖也有了色彩的律动感。

" 我的衣服以裙装为主，平时很喜欢碎花裙、雪纺裙等比较淑女的装扮，所以希望用一款清新自然又不会太单调的美甲来搭配穿着。 "

不规则的构图也能流露出优雅大方的气质，主次不一是这款美甲的关键。

适合与家人出游的美甲款式

色彩柔和的色块及清新的图案与出游的气氛相呼应。优雅大方的美甲搭配，让你受到长辈的赞许！

不需要花哨的装饰与缤纷的撞色，色彩柔和、简洁大方才更符合家庭聚会的主题。柔和而自然的美甲与闲适的衣着相搭，才是获取好印象的关键！

选择这样一款美甲与长辈出游踏青，闲适又大方！

Nail Style

Process

1

用粉色指甲油在白色甲面的左上方及右下方画出粉色色块。

2

用黄色及蓝色指甲油将白色部分填充。在左上方画出白色的色块。

3

用黑色、蓝色、黄色三种指甲油在左上方画出不均匀的菱形图案。

4

用黑色指甲油在右下方边缘向上延伸画出枝叶。

繁简不一营造轻松惬意感

不规则的几何图形打破常规，营造出一种强烈的视觉效果及独特的轻松惬意感。切忌在五指都采用饱满的图案，用单色作衬托才不会使美甲显得杂乱无章。繁复的层次感需要用色彩进行统一。应用软与硬、轻与厚、简与繁的对比，在视觉上营造更丰富多变的层次是美甲的升级做法。

另外两种建议

Item

闪亮的金线与钻饰让原本平淡的花朵显得更加高雅，还可以尝试使用淡雅的裸色，以增加亲和力和魅力指数。

" 我准备了一件小礼服去参加闺蜜的婚礼。我希望用一款图案简洁精致又能与礼服相呼应的美甲来搭配。"

适合参加婚礼的美甲款式

格纹与花朵融合，精致中透露出浪漫甜美，闪亮的钻饰更显尊贵。

精致的美甲可以让新人感受到你的心意与满满的祝福。不需要高调奢华的款式，简洁优雅的美甲更能烘托婚礼气氛！

Nail Style

低调又不失优雅，搭配精致的小礼服更出彩！

Process

1

用粉色指甲油在白色甲面的右上方画一朵花朵雏形。

2

用紫红色指甲油在粉色的花朵上勾勒出花瓣与花蕊。

3

用金色闪粉指甲油在甲面上 2/3 处画出相交的网格线。

4

取亮珠及亮钻，在甲面下方空白处有序地粘贴。

粉白色系凸显白皙粉嫩

粉色与白色系的美甲搭配甜美浪漫的礼服非常合适，而装饰的几颗水钻则像婚礼现场的珠宝，让美甲更加闪耀、尊贵。以这样的配色出席婚礼，能够凸显肌肤的水嫩，让肤色更加白皙粉嫩。最重要的是在这样的场合不会使自己的装扮喧宾夺主。

另外两种建议

Item

用金色钻饰烘托出奢华的复古感，在通透洁净的色彩中给人一种光洁高雅的视觉享受。

" 伴娘裙以白色为基调，所以我想要一款纯色美甲来搭配我的伴娘裙，能加上钻饰的点缀则更好。"

回归极简主义，纯粹用具有质感的色调和细节的精致表现出优雅、时尚。

适合伴娘造型的美甲款式

纯白色调与璀璨亮钻打造出不喧宾夺主且精致高雅的伴娘美甲！

作为伴娘，要注意自己的大方得体，用恰到好处的美甲烘托婚礼圣洁的气氛。在低调的同时衬托出自己优雅、纯洁的气质，不喧宾夺主。

将自己融入到婚礼的氛围中，给人留下优雅得体的好印象！

Nail Style

Process

用金色闪粉指甲油沿白色与透明甲面的交界处画出弧线。

取金色亮片，沿交界处均匀地粘贴在金色弧线之上。

用金色闪粉指甲油再画出两条弧线，并在中间的弧线上粘贴亮片。

取小钢珠与星形金属片，粘贴在甲面上。

半透明质感凸显感性魅力

半透明的质感让手指显得柔嫩白皙。椭圆形的甲形使手指显得修长，让手指更为纤细柔美。轻薄、透明的质感在不经意间流露出含蓄的感性魅力，搭配任何妆容与服饰都不会显得突兀。镶以精致璀璨的钻饰，瞬间提升格调，给人精致高雅的视觉享受。

另外两种建议

129

Item

简洁有力的线条与大气优雅的品位不谋而合。亮钻贴饰是提升格调的点睛之笔。

"
　　我偏爱于成熟简约的风格，出席重要场合时大多以深色系礼服为主，所以想要一款简约而大气的美甲来搭配礼服。
"

扫码观看美甲教学视频

适合隆重典礼的美甲款式

高贵典雅的宝蓝色与具有光感的银灰色碰撞，为参加典礼的你增强气场。

简洁有力的构图，恰到好处的钻饰，富有强烈视觉冲击力的美甲款式，能够给人一种
强大的女神气场！换上一身华丽的礼服，尽情地享受众人的目光吧！

打造华丽炫目感，时尚而简洁！

Process

用简约线条打造摩登现代感

将摩登主义用纯粹的线条与切割的色块来表现，融入法式风格的精髓，增加甲面的质感与视觉层次感，让你在典礼宴会中展现强大的气场。以耀眼的钻饰镶嵌在简约的线条上，闪耀的光感满足女性追求华丽夺目的需求。

用蓝色指甲油在银色甲面上画出上下对称的色块。

用镊子夹取适量的银条，沿交界处各贴两条平行的银条。

在上半部分的银条处粘贴方形亮钻。

取大小不一的亮珠及亮钻，粘贴在甲面上。

另外两种建议

Item
- - - - - - - - - - - - - - - - - - -

柔美弧线与闪亮钻饰融合，
既含蓄又有气质，将女性的优雅精
致完美呈现。

" 我的礼服以浅色
系为主，我更偏向于
具有女人味儿的设计
与淑女风格，所以想
要一款简单优雅的美
甲来搭配礼服。 "

感性简约的法式美甲，
用简单的色彩和线条展
现出曼妙的感性之美。

适合邀约宴会的美甲款式

简约的法式拼接彰显大气、高雅，柔美的线条勾勒出女性的浪漫！

除了奢华的服装与精致的妆容，彰显个人魅力的美甲同样能体现你的品位。一款与礼服颜色相呼应的美甲款式是你出席宴会的极佳选择！

恰似女性温柔的线条搭配闪烁的亮钻，令人难忘！

Nail Style

Process

1	2

在白色甲面的上方画出粉色与红色拼接的圆弧。

用金色闪粉指甲油在粉色与白色交界处画出弧线。

3	4

用镊子夹取三颗银色亮钻，粘贴在金线的下方。

取金色小钢珠和方形片，粘贴在甲面适合的位置。

法式美甲凸显精致优雅

法式美甲具有清晰整齐的分界线，是美甲界持续走俏的美甲方式。太过复杂、奢华往往会适得其反，用简单的色彩与线条反而更能彰显你的品位，使你时刻洋溢出自信、高雅的气质。

另外两种建议

133

不同场合的美甲搭配方案

不同场合与不同美甲的搭配大有讲究，或高贵冷艳，或热情洋溢，或俏皮可爱……不管是工作、约会还是旅行，都有合适的美甲来搭配你的服饰。选择恰到好处的美甲，大胆玩转色彩，以助阵全身穿搭，让你轻松应对各种场合！

正式场合

工作上班场合

对于上班族而言，美甲是一件非常微妙的事情。因为职业场合的需要，很多爱美的女性会被着装及打扮束缚，而一款既不张扬又倾向于知性优雅的美甲，是出入职场的极佳选择。避免选用攻击性强的指甲油颜色及纷繁复杂的图案，而清晰利落的线条、简约大方的格纹或素雅洁净的单色美甲都是不错的选择。简洁的构图搭配、干净剔透的色彩，会给人一种时刻清洁自爱的好感，非常符合上班族干练自信的特点。打造精明利落的形象，让你在职场自由穿梭。

公开演讲场合

在公开演讲场合，一款中性、简洁的美甲能在无形中提升你的话语的权威性。亮丽的颜色在这样的场合或多或少会给听众或同事带来轻浮的印象。选择黑色、白色相搭或灰色、宝蓝色的指甲油更易令人尊重，令人臣服。用简约的美甲搭配得体的正装，用经典的色调打造不俗的质感，在展现高品位的同时，为你成熟稳重的形象加分，并向听众传达你的品位与态度，让你在公开演讲中更加自信！

商务接洽场合

商务接洽需要搭配相对稳重的美甲，这样能向合作伙伴传达你的品位与态度，让你在接洽研讨中更加如鱼得水。不妨选用咖啡色、银灰色指甲油来打造法式美甲，这样能给人典雅、知性的感觉。简单的几何条纹或干净利落的线条，让美甲既不显得浮夸，又多一分干练。选择合适的颜色，在衬托好气色的同时，也能展现你的品位，再搭配简单的职业装，更多一分女性的柔美精致。在交换名片时能提升你的亲和度。

商务晚宴场合

除了优雅大方的服饰外，气质款的美甲可以为你在举杯时加分。如果美甲过于复杂奢华，往往会适得其反，一款与礼服相呼应的精致、不俗气的美甲是制胜的关键。不需要用太多华丽的装饰，一款精美的几何图案美甲足以为你的双手加分。简洁流畅的线条，配以金色、红色、紫色等具有华贵感的指甲油，恰到好处地点缀钻饰，除了能传达精明干练之感，也演绎出了你的时尚感与不俗的格调，让同事对你刮目相看！

见面约会场合

温暖、甜蜜、开心是与约会密不可分的词，因此在美甲的选择上应该以暖色系为主，色彩饱满度要高，粉色、红色、黄色都属于约会常用的色系，其容易给人一种温暖甜蜜的视觉感受。一款符合异性喜好的美甲，不必过于复杂，但必须甜美、简洁，可以通过一些可爱、浪漫的图案装饰来烘托约会气氛。粉嫩的波点、清新的碎花等图案能充分表现女性的可爱与温柔，从而受到男友的喜爱。

朋友聚会场合

朋友聚会需要的是轻松自然的气氛，不必过于庄重、华丽，休闲的衣着与轻松的话题最能凸显自在的氛围，再搭配休闲的美甲，能很好地展现你的品位。在色彩上，悠闲惬意，色彩温和（色彩对比度不要太高），清新而不抢眼；在图案造型上，尽量避免繁复无章的图案，以免给人带来视觉上的困扰与负担。英式格纹与马卡龙主题都是不错的美甲款式选择，图案拼接的样式让你变得更具亲和力，整体搭配不突兀且显得更精致，低调却尽显不俗品位，让身心的放松从指尖开始。

生日派对场合

在生日派对上当然需要打破暗色的"枷锁"，生动亮丽的美甲让心情也变得格外亢奋，即使在夜晚的派对上也能与灯光交相辉映，精彩无限！选择色彩对比强烈的波普风格，碰撞出一种玩味的美丽，前卫的艺术风格符合派对轻松愉悦的主题，缤纷的荧光色能使美甲展现受人瞩目的惊艳效果，大胆时尚、高对比的色彩和繁简搭配的图案给人耳目一新的感觉。在美甲上点缀金属饰品，其反光的特性能让你成为整个派对中闪耀的焦点！

婚宴庆典场合

打造精致的美甲也可作为传达祝福的一种方式。粉色与白色系的美甲搭配甜美浪漫的礼服极为合适，而几颗水钻的装饰则像婚礼现场的珠宝，让美甲更加闪耀、尊贵。以这样的配色出席婚宴庆典，百搭而不会出错，既浪漫又甜美。最重要的是在这样的场合不会喧宾夺主。若是参加传统的中国风婚礼，一款精致的古印度手绘纹花美甲配以喜庆的中国红，能与婚宴氛围完美相融。

关于甲片与应用场合的 Q&A

　　带着暗黑色且具有金属感的美甲参加家庭聚会，用迷彩款美甲出现在闺蜜婚礼上，以荧光色系美甲出入职场……搭配不恰当的美甲往往会让人啼笑皆非。在不同的场合，该如何搭配恰当的美甲呢？

Q：上班能用大红色指甲油吗？

　　A：建议上班时不要选择具有攻击性的颜色，如大红色、玫红色等，这些高饱和度且具有"刺激""挑衅"色感的颜色会引起职场上的小误会，而且这些颜色也不适合塑造知性优雅的上班族形象。

Q：与上司出差时选择什么颜色的指甲油最恰当？

　　A：应选择素雅简洁的色系，不宜过于花哨。蓝色是灵动、知性兼具的色彩，它意味着诚实、信赖与权威，给上司留下知性、从容的印象。在服饰搭配方面，蓝色无论是与商务正装还是与休闲便装搭配，都有意想不到的效果，是工作出行的不错选择。

Q：工作制服是灰黑色，怎么搭配指甲油可以提亮肤色？

　　A：千篇一律毫无生气的工作制服容易让人活力消退，在美甲颜色上选择通透洁净的珠光色系，使得指尖流露出一种珍珠奶白的光彩，可以提亮肤色。而鲜亮的宝蓝色不仅能凸显知性美和气质美，还能让你瞬间"亮"起来。

Q：公司要求化淡妆上班，选择什么颜色的指甲油更恰当？

　　A：职业女性在上班时为了配合淡雅的妆容，应选择典雅、稳重色系的指甲油，如接近肤色的中间红色系、浅粉色或半透明的指甲油，这样能够衬托好气色。日常通勤不建议涂抹高饱和度的大红色或绿色等太个性化的色彩。

Q：参加公司全体会议能涂亮片指甲油吗？

　　A：过于亮丽的颜色在严肃的职场中或多或少会给你的上司或合作伙伴带来轻浮的印象，亮片指甲油更不适宜出现在严肃的场合。沉稳庄重的中性色调更易塑造干练精明的职场形象，无形中也让你更具权威性，把握主动权。

Q：面试时选择什么样的指甲油颜色最安全？

A：简约的气质是面试时的制胜法宝，造型的细节能让你在面试中脱颖而出。不要过于隆重、复杂，素雅大方的浅灰色能给你的气质加分，给面试官留下干练稳重的第一印象。而简单透亮的透明（如接近透明的裸色）更适合选择。

Q：参加派对时，手拿包是白色该如何搭配指甲油？

A：白色是最宽容的色彩，能与所有颜色相搭并展现出不同的气质。若想在派对中脱颖而出，选择金色、红色、紫色等具有华贵感的指甲油来搭配，会使你看起来更加耀眼。3D闪粉指甲油也能充分显示你的存在感，给人眼前一亮的视觉冲击力。

Q：参加有较多长辈的家庭聚餐，该选什么颜色的指甲油？

A：如果带着荧光色或者抽象图案的美甲参加家庭聚会，会给长辈留下不好的印象。暖色调的美甲能够烘托出家庭聚会的温馨气氛，简洁大方才契合聚会的主题。喜庆的红色是长辈们喜爱的颜色，这也会让你的皮肤看起来更细嫩、白皙，让长辈对你更加宠爱。

Q：当闺蜜的伴娘时，应选择什么颜色的指甲油？

A：作为伴娘，注意要大方得体，美甲的颜色也要与婚礼气氛相得益彰。白色、粉色、香槟色的美甲搭配甜美浪漫的礼服极为合适，与婚礼华美神圣的气氛相呼应，低调的同时衬托出优雅、纯洁的气质，又不会抢了新人的风头。

Q：第一次见男友家长，选择什么颜色的指甲油能获得好感？

A：粉红色和裸色系是具有亲和力的颜色。温暖的粉红色美甲使手指变得圆润、温和，衬托白皙的皮肤；干净通透的裸色彰显个人气质，凸显肌肤的水嫩。纤纤玉指，使你在举手投足间流露出的温柔贤淑、细腻可人，让男方家长对你的第一印象大大加分！

Q：参加喜宴能用黑色美甲吗？

A：黑色在特定场合是表示哀悼的颜色，象征着冷酷、黑暗，一般含有贬义与不吉祥的意味，因此黑色美甲是参加喜宴的禁忌美甲款式。选用正红色美甲参加喜宴，烘托气氛，能给人热情、喜庆的感觉，预示着好兆头，衬托出好气色，使正能量倍增。

Chapter 5

整体提高存在感的化妆与美甲搭配术

想要提高整体的存在感，并非一定要加入闪闪的亮片或粘贴闪耀的钻石。尝试打造更有美感、更复杂的美甲图案和美甲造型，这不仅可以引人瞩目提高存在感，还能与各种风格、搭配相得益彰，展现造型的精致无瑕。

Item

用白色突出黄色、绿色的柔和感，和谐的色彩搭配，像用水化开般自然。

仿佛取自以春天为主题的油画的美甲颜色，让脸部看上去更加怡然。

与森系甲片搭配的清新水系妆容

用春天色系的甲片搭配剔透纯净的妆容，半透明是两者的共同特征。几种浅色叠加，让五官摆脱了厚重的妆感，展现出明亮的面容。

Process

1 用半透明的浅粉色指甲油在甲面的右侧画一条宽竖线，突出指甲的柔和感。

2 在甲面的上部用黄色指甲油画一条粗横线，约占甲面的1/3。

3 分别在甲面的中间和底部画一条与顶部等宽的粗横线。注意每两条横线间要保留空隙。

4 用黄色指甲油将甲面横线部分填充饱满，并涂抹均匀。

5 用彩绘笔蘸取绿色指甲油，在第一条黄色粗横线的下方画一条细横线。

6 沿着细横线的末端向上再画一条竖线，与画好的细横线呈90度角。

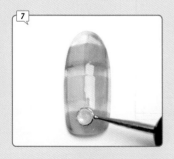

7 用点珠棒将一颗圆形亮钻贴在甲面底部，并固定在中间位置。

8 在甲片上涂刷一层亮油，起到保护指甲油不脱落的作用。

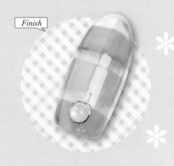

Finish 柔和的画法配合清新的颜色，再加上亮钻的点缀，给人以温柔之感。

黄色、绿色的双色眼影让睫毛更加根根分明，与美甲的色调完美统一。

Process

1. 用大号眼影刷蘸取白色眼影，在整个眼睑上进行打底和提亮。

2. 用扁圆头眼影刷在眼头处刷上黄色眼影，约占整个眼睑的1/3。

3. 用稍小的眼影刷沿着睫毛线往眼尾方向刷上绿色眼影。

4. 继续用眼影刷在下眼尾的外角处向内晕染一些黄色眼影，然后贴上双眼皮贴。

5. 用眼线笔沿着睫毛根部画内眼线。注意将根部填满，不要留白。

6. 从睫毛根部将睫毛膏刷上，以Z字形刷法将睫毛刷出根根分明的效果。

7. 修剪好适合眼形的假睫毛，并在假睫毛上粘好胶水，然后将其粘在睫毛根部。

8. 用眉刷蘸取棕色眉粉，并沿着眉形刷扫，画出眉毛的形状。

9. 用棕色的染眉膏将原来的黑色眉毛晕染成与眉粉相近的颜色。

柔嫩的粉色意味着新生、娇嫩，符合森系妆容的整体要求。

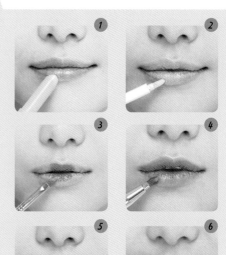

Process

1. 用润唇膏均匀地涂抹唇部，进行滋润。
2. 用遮瑕笔蘸取遮瑕膏，覆盖唇色并大致勾勒唇线。
3. 用唇刷在唇部中间部分内侧刷上少量橘色唇彩。
4. 蘸取粉色唇彩，涂抹整个嘴唇，注意避开之前画好的橘色部分。
5. 在嘴唇外层涂抹一层透明质地的唇蜜，以营造出水润的嘟嘟唇效果。
6. 用唇刷对唇部边缘自然晕染。

若有似无的粉色腮红，自然地为面部肌肤润色。

Process

1. 在颧骨位置用腮红刷斜向上轻扫上粉色腮红。
2. 用蜜粉刷蘸取少量蜜粉，以画圆圈的手法轻扫脸部，尤其是 T 区易出油的部位。
3. 从眉头沿着鼻翼两侧扫上阴影粉，塑造出立体的鼻梁。

Item

黑色在银白色的甲面上随性地"挥洒"，这种不规则的涂鸦式表现出对个性与自由的追求。

扫码观看美甲教学视频

黑色和银色组合带来的冷酷感，使面部妆容呈现的中性风更率性。

帅气甲片搭配中性妆容诠释朋克风格

时尚的银白色在甲面上遇到沉稳的黑色，二者叠加，营造出一种帅气而冷酷的感觉。通过突出浓重的眼妆，形成强烈的个人风格，不需要艳丽的色彩来修饰，即可塑造一个酷女郎形象。

Process

在甲面上均匀地涂上一层银白色的指甲油。注意不要留下刷痕、缝隙。

用彩绘笔蘸取黑色指甲油，在甲面上不规则地点上几滴。

用彩绘笔在一滴比较大的黑色指甲油上拉画出一条线，形成放射状。

继续在同一滴黑色指甲油上拉画出一条从粗到细的线。

在同一滴黑色指甲油的另一侧再拉画出一条线。

从甲面顶部位置的黑色指甲油中向下拉画出一条线。

将甲面上每一滴黑色指甲油都拉画出线条。

用彩绘笔将黑色指甲油全部进行相互晕染。

随意的描画方式让两种色调相互融合，使黑色不会显得暗淡而死板，银色不会显得闪耀而土气。

加强勾勒下眼线，形成浓重的眼妆，用紫色眼影柔和黑色眼影带来的沉重感，打造出冷酷、魅惑感。

Process

1. 用白色眼影在上眼睑上进行打底，并涂抹均匀。

2. 从睫毛根部开始涂刷紫色眼影，并向上晕染至整个上眼睑。

3. 用较小号的眼影刷沿着下睫毛将紫色眼影刷至眼头，注意加强眼尾部分。

4. 用眼线液笔沿着睫毛根部画一条流畅的眼线。

5. 将眼线加重，在眼尾处拉长眼角，以形成斜三角形。

6. 用眼影刷蘸取黑色眼影，并沿着睫毛根部刷至眼尾。

7. 用眼线笔从下眼睑的眼头开始向后加深下眼线。

8. 用紫色眼影沿着下眼线进行晕染，让眼线更加柔和。

9. 将修剪得适合眼形的假睫毛粘上。

裸粉色既不明艳也不暗淡，配合底妆能凸显好气色，不会和眼妆"抢戏"。

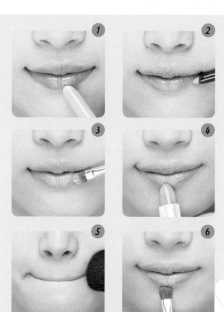

Process

1. 用透明的润唇膏滋润唇部，让口红上色更伏贴。
2. 沿着唇形用裸色唇线笔在嘴唇边缘勾勒出唇线。
3. 用遮瑕笔蘸取遮瑕膏，并覆盖原本的唇色，以便更好地展现口红的效果。
4. 使用裸粉色的口红对唇部上色，唇中位置上色较厚重，则更显立体。
5. 抿住双唇，让口红晕染得更自然，同时用散粉轻扫一层。
6. 轻轻扫少量阴影粉于唇部下方，使唇部看起来更立体、饱满。

有光感且低色感的橘色腮红能自然地显现健康气色。

Process

1. 用斜角腮红刷在颧骨两侧斜向上轻扫上橘色腮红。
2. 用修容刷蘸取修容粉并轻甩开，在脸颊侧边轻扫，以打出阴影。
3. 蘸取高光粉，在额头、鼻梁、T区及颧骨两侧轻扫。

Item

- -

多种圆形排列组合，将装饰物粘贴在两种颜色的甲面上，具有层次美感。

扫码观看美甲教学视频

优雅的法式美甲为清新自然的裸妆增添了一抹靓丽。

让裸妆更优雅精致的法式美甲

无需担心宛如天然的无瑕裸妆得不到关注，配合设计精致的法式美甲，能散发出优雅迷人的气质，不会造成刻意制造的痕迹。

Process

1

在白色甲面上均匀地涂抹橘色指甲油，指甲油部分占整个甲面的 2/3。

2

沿着橘色指甲油的下方边缘，用点珠棒将金色小亮片依次排列粘贴在甲面上。

3

以相同的弧度沿着贴好的亮片继续粘贴两排亮片。

4

在刷好的橘色色块中间贴上一颗六边形的银色亮片。

5

在银色亮片的四角分别贴上一颗金色小圆珠。

6

在紧挨着金色小圆珠的位置分别粘贴一颗珍珠。

7

在粘贴好的四颗珍珠中间靠外位置分别粘上一颗稍大的珍珠。

8

将四颗金色的小圆珠粘贴在最外面的珍珠旁边。

Finish

贴钻组合而成的几何图案使美甲的效果别具一格。

轻薄的眼妆使眼睛更有神，与明亮色系的美甲共同达到提神的效果。

Process

1. 用浅粉色眼影打底，均匀地涂抹在眼睑上。

2. 蘸取珠光白色眼影，并轻刷于眼头，用于提亮。

3. 蘸取橘色眼影，沿着睫毛根部从眼头刷至眼尾。

4. 在眼尾三角区加深颜色，并轻轻地向前晕染。

5. 修剪好适合自己眼形的假睫毛，用镊子粘在上睫毛根部。

6. 用眼线液笔把眼尾的眼线拉长，使眼睛看起来更加有神。

7. 用削得扁平的眼线笔在下眼头位置开眼角，拉近眼距。

8. 用眉刷蘸取浅棕色眉粉，大致勾勒出合适的眉形。

9. 将眉粉晕染开，使整条眉毛看上去顺畅而协调。

橘粉色符合裸妆自然纯粹的要求，流行的日系妆容风格，时尚而新鲜。

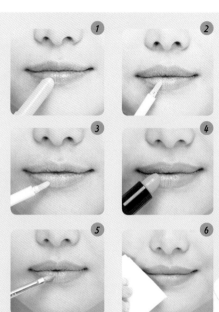

Process

1. 用透明质地的润唇膏滋润唇部。
2. 用遮瑕笔蘸取遮瑕膏，涂抹在嘴唇上，以淡化唇纹。
3. 继续涂抹遮瑕膏，直至覆盖原本的唇色。
4. 在整个唇部均匀地涂上橘粉色口红。
5. 用唇刷蘸取橘色唇彩，进行润色，尤其是嘴唇中间部位。
6. 用面纸轻轻按压嘴唇，以带走多余的油光。

面部的光泽感通过淡淡的腮红显出自然好气色。

Process

1. 用腮红刷蘸取橘色腮红，在笑肌处斜向上轻扫。
2. 在颧骨位置扫上高光粉，加强面部光泽感。
3. 顺着眉头往下，在鼻翼两侧扫上阴影粉，以塑造立体鼻梁。

发挥无穷想象力，将斑斓的
色彩和抽象的画风通过小小的甲
片充分表达出来。

街头感十足的抽象涂鸦为猫眼妆带来更多玩味，组合形成前卫的欧美风。

涂鸦甲片搭配猫眼妆的美式休闲风格

猫眼妆以深邃的目光及立体的眼部来展现魅力与诱惑感，给人一种富有不羁灵魂的感
觉。涂鸦式的随性画法，不拘一格的美甲款式常常能带来令人意想不到的惊喜。

Process

1 在甲面上均匀地涂抹一层乳白色指甲油。

2 用彩绘笔蘸取蓝色指甲油，在甲面由下往上画出一个近似椭圆的轮廓。

3 将所画的轮廓内部用蓝色指甲油填充完整。注意要涂抹均匀。

4 蘸取白色指甲油，在蓝色色块上画一个圆形，并拉出一小段线段作为轮轴。

5 继续用白色指甲油在画好的圆形下方以同样的手法画出一个相似的轮子图形。

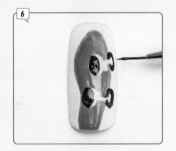

6 蘸取玫红色指甲油，分别涂抹在轮轴两端的白色圆轮形状上。

7 将玫红色指甲油之间的轮轴部分用黄色指甲油填充完整。

8 用黑色指甲油将画好的滑板及滑轮勾勒出来，使其显得更加真实、立体。

Finish 趣味休闲的滑板图案融入了浓郁的美式休闲风，与猫眼妆的率性不羁相映成趣。

扬起的眼线、低调的眼影和浓密的上下睫毛，与美甲共同表达出追求自由的叛逆美感。

Process

1. 用眼影刷蘸取金棕色眼影，大面积地涂抹上眼睑。
2. 将金棕色眼影在眼尾三角区加重并拉长，轻轻刷至眼头。
3. 用眼线液笔画出眼线，注意把眼尾的眼线向上扬并拉长。
4. 把眼线加粗并把眼角的三角区填满，形成自然上扬的眼线。
5. 用黑色眼影沿着睫毛根部晕染眼线，使眼线看起来不那么生硬。
6. 用眼线笔由眼尾向眼头画出下眼线，由粗渐细。
7. 继续用眼线笔将下睫毛根部的露白部分填满。
8. 修剪适合眼睛长度的假睫毛，待涂抹的胶水变干后将其粘上。
9. 用睫毛膏将真睫毛和假睫毛刷在一起，使两者贴合得更紧密。

水润嘟唇提亮整个妆面，带来的活泼感与色彩缤纷的美甲相协调。

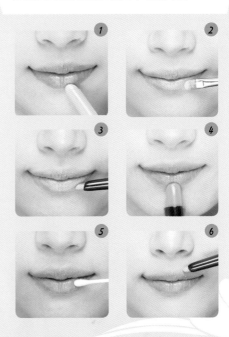

Process

1. 用透明质地的润唇膏滋润唇部。
2. 蘸取唇部专用遮瑕膏，并涂刷在嘴唇上，以覆盖原有唇色。
3. 用裸色唇线笔在下嘴唇处勾勒出唇形。
4. 在嘴唇上均匀地涂上粉红色的口红。
5. 用棉棒轻轻晕开唇线不均匀的地方。
6. 用唇线笔继续画出上唇形，并凸显唇峰。

塑造立体的面部轮廓，通过粉色腮红柔化浓厚眼妆所带来的冷漠感。

Process

1. 用高光粉在脸颊颧骨位置向上扫，以营造立体光感的面颊。
2. 用阴影粉在耳边至下颌位置来回刷扫，以制造出阴影效果。
3. 从笑肌向后朝斜上方刷上粉色腮红。

Item

另类的图案借助丰富的色彩，造成强烈视觉效果，表现出不拘一格的开放个性。

浓郁的色彩感妆容和缤纷的美甲形成一股英式学院风，给人活力、自信的感觉。

乖巧中藏着俏皮感的英式学院风格

蝴蝶结和波点等甲面图案是女孩追求甜美和可爱的必备元素。大胆地使用多种撞色，碰撞出跳跃的色彩感，冲破传统规则的画法，再配合以粉色为色彩基调的妆容，表现出一颗不安分而悸动的心。

Process

1. 在甲面上均匀地涂抹一层嫩绿色指甲油。

2. 用彩绘笔蘸取白色指甲油，在甲面顶部画一个反向的 Z 字形。

3. 在甲面中间用白色指甲油画出两个连起来的形似闪电的图案。

4. 分别在甲面的四周画上几个图案，与闪电图案相呼应。

5. 将甲面四周的三个白色图形用玫红色指甲油涂上。

6. 用黄色指甲油涂抹甲面中间的闪电图案。

7. 用蓝色指甲油将甲面四周剩下的白色图案涂上。

8. 用彩绘笔蘸取黑色指甲油，将甲面上的图案进行勾边。

Finish

几何图案通过多样的色彩显示出张扬的艺术效果。

粉红色眼影突出色彩妆容，给整体面部效果带来甜蜜感。

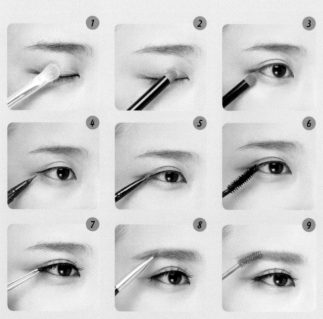

Process

1. 用眼影刷蘸取白色眼影，在上眼睑处进行均匀的涂抹。

2. 蘸取淡粉色眼影，从眼头开始，在双眼皮褶皱位置用眼影刷刷扫。

3. 继续用淡粉色眼影在眼尾三角区加深颜色，并在下眼睑处轻轻带过少量眼影。

4. 用眼线液笔沿着睫毛根部从眼头向眼尾画上眼线，并拉出一点眼线。

5. 蘸取粉色眼线膏，沿着睫毛根部，按照画眼线的方法刷上眼睑。

6. 用睫毛膏将睫毛从根部开始以Z字形向上刷。

7. 将假睫毛修剪成适合的长度，然后用镊子夹住，并粘在上睫毛的根部。

8. 用浅棕色眉粉画出眉形，加长眉尾。

9. 用浅棕色染眉膏从眉头到眉尾由浅至深地晕染眉毛。

水嘟嘟的咬唇妆明艳而深受瞩目，在色彩上与整体妆容相辅相成。

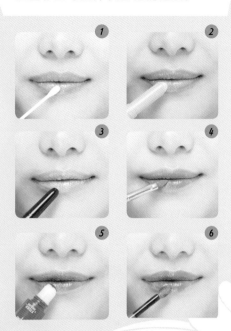

Process

1. 用浸湿的棉棒轻轻擦去嘴唇上的污垢和干皮。
2. 用透明润唇膏均匀地涂抹双唇，以滋润唇部。
3. 用裸色唇线笔在嘴唇上涂抹一层，并画出唇形。
4. 用唇刷蘸取玫红色唇膏，在嘴唇上涂上轻薄的一层。
5. 用玫红色气垫唇彩在嘴唇内侧加深颜色，以形成渐变效果。
6. 将玫红色唇彩涂抹在整个嘴唇上，进行润色并提亮。

橘红色腮红使肌肤呈现活力充沛的状态。

Process

1. 用腮红刷蘸取橘红色腮红，并在颧骨最高处斜扫。
2. 用修容刷蘸取修容粉并轻甩开，在脸颊侧边轻扫，打出阴影。
3. 顺着眉头往下，在鼻翼两侧扫上阴影粉，以塑造立体鼻梁。

Item

蝴蝶结元素让原本简单的甲面不再乏味，为美甲增添了活泼感和趣味感。

这款美甲由简洁的画法和简单的颜色组合而成，搭配同样清新自然的妆容才能散发更迷人的魅力。

妆容和甲片都熠熠生辉的名媛风格

用金色亮片点缀边缘，打造出简洁的美甲。这款美甲别致、大方，摆脱了小女生五彩缤纷的凌乱感。清新的底妆及绿色的眼妆与美甲相呼应，每一个细节都透露出优雅的名媛风格。

Process

1. 在甲面上顺着同一个方向均匀地涂上一层乳白色指甲油。

2. 在甲面的顶部涂上一层肉粉色指甲油，其边缘为弧状，约占甲面的1/2。

3. 在肉粉色色块的1/2处用墨绿色指甲油画一条细弧线，方向与肉粉色边缘相同。

4. 以画好的墨绿色弧线为分界线，在其上方用墨绿色指甲油填充完整。

5. 沿着肉粉色的边缘用带金色亮片的透明指甲油画一条细弧线。

6. 在金色细弧线的中间用墨绿色指甲油画两个对称并连接的三角形，即蝴蝶结的形状。

7. 在两个三角形的连接处用点珠棒粘贴一颗金色圆珠。

8. 刷上一层透明质地的亮油，以保护指甲油不脱落。

Finish

低调的三色色块因为加入了蝴蝶结元素，使美甲显得从容而优雅。

淡绿色眼影从根根分明的睫毛中透露出仿佛来自大自然的清新感。

Process

1. 用白色眼影在上眼睑大面积涂刷。

2. 继续在下眼睑处从眼尾到眼头由深至浅地刷上白色眼影。

3. 用绿色眼影大面积地在上眼睑上均匀而轻薄地涂刷一层。

4. 沿着睫毛根部加重绿色眼影的颜色，凸显深浅过渡的眼影效果。

5. 蘸取绿色眼影，在下眼睑处从眼尾向眼头轻刷，以加重眼尾颜色。

6. 从眼头向眼尾沿着睫毛根部画出上眼线。

7. 修剪合适眼形长度的假睫毛，并粘在上睫毛根部。

8. 用眼线液笔加重眼线，拉长眼尾的眼线并微微向上扬起。

9. 在下眼睑后 2/3 的下睫毛根部粘贴下假睫毛。

裸色唇膏展现出嘴唇自然而柔嫩的质感，无厚重负担。

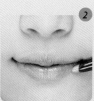

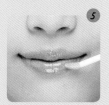
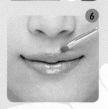

Process

1. 在唇部均匀地涂上润唇膏，滋润唇部，使其更好地上色。
2. 用裸色唇线笔在嘴唇边缘画出唇形，使唇部更立体、饱满。
3. 用遮瑕刷蘸取唇部遮瑕膏，涂抹在嘴唇上，以覆盖原来的唇色。
4. 沿着唇形在双唇上均匀地涂抹裸色口红。
5. 在嘴唇上涂一层透明质地的唇蜜，以营造水亮效果。
6. 用唇线刷精致地描绘唇部轮廓，并扫去唇部边缘多余的口红。

色彩饱和的裸橘色腮红打造出柔和的气色，与整体面妆相协调。

Process

1. 蘸取裸橘色的腮红，由颧骨顶点斜向上刷，注意要采取多次少量的方式。
2. 用高光粉打在脸部的 T 区上，重点塑造立体鼻梁。
3. 沿着外眼角到颧骨处打上高光粉，让脸形显得更加饱满。

Item

甲面的底色为白色的花纹增添色感，花纹为甲面丰富了内涵，营造出美感。

扫码观看美甲教学视频

精致的美甲花纹为浓郁的暖橙妆容带来更多的细腻感，显得复古而雅致。

怀旧图案的甲片搭配韩式妆感的复古风

用细致的花朵和叶片来装饰美甲，构成了田园手绘风。橙色和珊瑚色的韩式妆容尽显女性的柔美气质。十足的田园气息掀起一股复古怀旧风。

Process

1 在甲面上均匀地涂一层裸粉色指甲油，使涂刷的方向一致才能产生平滑的效果。

2 用彩绘笔蘸取白色指甲油，在甲面的右侧画一个叶子的轮廓。

3 在画好的叶子轮廓旁边同样画一个延伸出来的叶子轮廓。

4 按照同样的画法，在甲片的右侧画出下方的两个叶子轮廓。

5 从上方和下方的两个叶片中间用白色指甲油分别画出延伸的两条曲线，直至甲面的边缘。

6 在画出的曲线上继续用白色指甲油零星地画上一些叶片。

7 在甲面右侧的空余位置用白色指甲油画满斜线。

8 在右侧画好的斜线上再画上反方向的斜线，形成网格状。

Finish

由简单的线条组合成的意象图案形象而生动，具有一定的美感。

暖色调的橙色眼影让整个面妆更显柔和，带着一点慵懒的怀旧感。

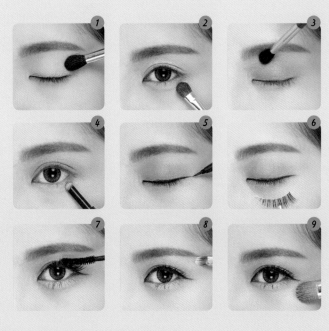

Process

1. 用珠光白色眼影大面积地刷扫上眼睑，为眼睑提亮并打底。

2. 从下眼睑眼头开始在卧蚕位置提亮，能够起到聚焦眼神和"减龄"的作用。

3. 蘸取橙色珠光眼影，覆盖在白色眼影范围上，并晕染边缘，使之过渡自然。

4. 用海绵头化妆刷蘸取珠光杏色眼影，加强卧蚕处，以强调光泽动人的眼睛。

5. 用眼线液笔从眼头开始，紧贴睫毛根部描画眼线，在眼尾处平行拉长3~4毫米。

6. 选用眼尾加长款的假睫毛，涂上睫毛胶水后，在半干的状态下更易贴稳。

7. 将真假睫毛用睫毛膏刷在一起，使之不分层，下睫毛也需要涂刷睫毛膏，以强调其存在感。

8. 蘸取比肤色浅一号的遮瑕膏，刷在眉毛下方，提亮眉骨，使之看起来更立体。

9. 蘸取带珠光的高光粉，在眼部下方三角区提亮，有效遮盖细纹和黑眼圈。

橙红色代表着性感与复古，明亮的色感带来更鲜活的感受。

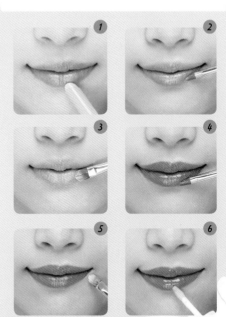

Process

1. 使用唇膏对唇部进行滋润，能有效抚平唇纹，滋润干燥的双唇。
2. 唇刷能将唇膏迅速涂抹均匀，并能够细致地描画唇线，使唇部线条流畅。
3. 选择滋润度较高的遮瑕膏，用遮瑕刷轻轻按压，遮盖原本的唇色，以便于唇膏的上色。
4. 选择橘色调的唇膏，用唇刷仔细涂刷，注意嘴角的细节位置也要认真涂抹。
5. 蘸取浅色遮瑕膏，遮盖涂出来的多余唇膏，以锐化唇线边缘，使唇妆更精致。
6. 将透明唇彩叠加在唇膏上，打造具有镜面光泽的闪耀双唇。

韩系风格的暖橙色腮红充满活力感，洋溢着动人光泽。

Process

1. 选用柔软蓬松的大刷子，将橙色腮红涂刷在颧骨上方，注意过渡要自然。
2. 用小号的斜角修容刷蘸取亚光浅棕色修容粉，在下颌骨位置修容。
3. 脸颊发际线处也需要进行修容，以收敛小肉脸，打造立体五官。

Item

看似毫无联系的甲面图案，
每一款都各具特色，组合在一起
便形成一种另类的时尚。

黑色和红色是经典的搭配，美甲和嘴唇的极致色感给
人带来前卫摩登感。

野性甲片搭配性感混血妆容

美甲造型简单，但从纹理上做文章，以暗色系作为主要美甲颜色，并具有金属质感，
是追求时尚个性的你不容错过的美甲款式。精致的妆容通过烈焰红唇表达出狂野的
风格。

Process

在甲面上均匀地刷上粉色指甲油。

用彩绘笔蘸取黑色指甲油，在甲面的中间位置画一条斜线。

在斜线上再画一条与其相交的斜线，呈交叉状。

在画好的相交线向上继续画两条相交线，并与之上下接连。

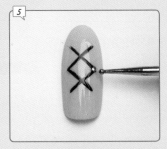

在相交线形成的角上用点珠棒粘上一颗金色圆珠。

在另一侧的角上粘上一颗相同的金色圆珠。

在上方的两条相交线末端分别粘上一颗金色圆珠。

在下方的两条相交线的下方粘上一个蝴蝶结饰品。

黑色蝴蝶结配合粉色的底色，恰到好处地中和了粉色带来的甜腻感。

大地色眼影闪亮的光泽与美甲的金属质感和谐统一。

Process

1. 用白色眼影大面积地铺扫上眼睑，为眼睑提亮并打底。

2. 用棕色眼影在上眼睑处从眼头刷至眼尾，在眼尾的三角区加深颜色。

3. 蘸取带珠光的白色眼影，并轻刷于眼头，用于提亮。

4. 沿着睫毛根部用眼线笔画上眼线，注意描画时不要留缝隙。

5. 用睫毛膏由睫毛根部向上刷，以Z字形刷出根根分明的效果。

6. 修剪长度适合眼形的假睫毛，用镊子粘在上睫毛根部。

7. 用眼线液笔拉长眼尾的眼线，形成自然上扬的眼线。

8. 用眉刷蘸取浅棕色眉粉，沿着眉头向后延伸并画出眉形。

9. 继续用眉粉将整条眉毛进行晕染，从眉头到眉尾由浅至深。

饱满而热烈的红唇凸显出追求野性感的热情，强化个性风格。

Process

1. 将透明润唇膏均匀地涂在嘴唇上，进行滋润。
2. 用裸色唇线笔在嘴唇边缘勾勒唇线。
3. 在嘴唇上涂上一层红色的口红，但要避免擦到唇外。
4. 用唇刷蘸取红色唇彩，并更细致地涂抹在唇上，使唇部显得更饱满。
5. 将红色唇蜜覆盖在嘴唇上，打造立体水润的效果。
6. 蘸取浅色遮瑕膏，遮盖嘴唇外涂抹多余的唇膏，使唇妆更精致。

杏粉色腮红毫无痕迹地为肌肤润色，其轻盈的质感令脸颊俏丽、生动。

Process

1. 用蓬松的腮红刷蘸取杏粉色腮红，轻甩后从笑肌处斜向上轻扫。
2. 顺着眉头往下，在鼻翼两侧扫上阴影粉，以塑造立体鼻梁。
3. 用修容刷蘸取修容粉，扫在下颌骨位置，进行修容。

关于甲片与妆容搭配的 Q&A

对于追求完美的女性而言，除了拥有精致的妆容之外，靓丽大方的美甲也是不可或缺的美丽元素。搭配与妆容契合的美甲，无疑大大增加了面妆的可看性，从而为妆容加分，在举手回眸之间，使魅力指数直线上升！

Q：大红唇如何搭配美甲？

A： 如果大红唇要搭配颜色同样饱和的红色美甲，则一定要将眼妆做到极致简洁，以避免整体过于俗艳。在唇妆和美甲的质感上，建议红唇如果打造成亚光的丝绒质感，则指甲油也可以选择丝绒指甲油。如果在不需要非常突出自己的场合，唇妆和美甲不要都选用高亮度的光面红色。

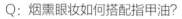

Q：亚光妆容如何选择指甲油？

A： 亚光妆容若是搭配乏味暗沉的单色美甲，会给人徒增憔悴无力感。而亮度与饱和度较高的指甲油才能让亚光妆容更出彩。自带 3D 闪粉指甲油或细闪粉指甲油都能提高闪亮度，或者多贴反光甲饰、闪钻、钢珠等，也能起到提高闪亮度的作用。

Q：烟熏眼妆如何搭配指甲油？

A： 用烟熏妆搭配浓烈厚重的指甲油，这是许多女性搭配的误区。烟熏已经足够复杂，再配以繁复的美甲颜色，会给人一种难以呼吸的视觉负累感。建议使用单色指甲油来衬托，用自然裸粉色美甲搭配硬朗冷艳的烟熏妆，在反差对比中收获意想不到的效果！

Q：可爱感妆容如何搭配美甲？

A： 在甲片形状上花些心思，也能达到与妆容相呼应的效果，这样更能突出个人气质！可爱妆容更适宜选择圆形甲片，圆润的弧度能增加亲和力，再搭配甜美的蝴蝶结、甜蜜心形、可爱蕾丝、香甜樱桃等元素，甜美感十足。注意不要把甲片的指尖位置磨尖，以免与可爱的基调不符。

Q：不喜欢化妆却只喜欢稍微打底并修饰一下的人如何选择适合的美甲？

A： 色彩对比强烈，甲片图案过于复杂，不化妆则不易驾驭。淡妆与半透明的单色美甲相匹配。不需要艳丽而强烈的色彩，半透明的颜色能很好地衬托出女性洁白的皮肤，让手指显得柔嫩、白皙，自然不做作的美甲颜色也不失女性本色。

Q：打造很酷的妆容时，如何选择美甲？

A：搭配酷感十足的妆容，指甲当然也不能逊色！方头甲形更具个性与现代感。美甲图案选择不局限于豹纹、斑马纹等动物纹，反差强烈的撞色条纹，金属与铆钉相融的哥特风，大胆前卫的艺术涂鸦，极具个性的几何彩绘等都能与酷感妆容相搭配。

Q：想选一款所有妆容都适合的美甲款式，具体该怎么做？

A：法式美甲受到很多女性的青睐，它简约大方，无论浓妆淡抹都能与之契合，搭配任何妆容都不会显得突兀。在严肃的场合让人展现出大方、优雅的气质，法式美甲也适合在轻松愉悦的场合里展现自己的平和、自如，它在多种场合都能使用，搭配指数极高！

Q：特别喜欢黑色指甲油，应该搭配什么样的妆容呢？

A：不要把自己打扮成暗黑少女或金属摇滚客，搭配上扬的眼线与复古的红唇，同样能演绎出别样的风情。优雅而精致的黑色眼线衬托出红唇的浓郁艳丽，而眼尾的微微勾起更凸显出女性的妩媚动人。这样的妆容与指尖的颜色恰到好处地遥相呼应，看起来不会总是像叛逆的朋克少女。

Q：想让自己看上去更年轻一点，如何搭配妆容和美甲？

A：色彩艳丽活泼的糖果色能让人瞬间"减龄"，而裸色系、奶茶色系同样能让肤色和手指看上去灵动可人。在妆容上，用圆形腮红打造健康气色，再配合浓密的睫毛来增添甜美感。在美甲图案上应多花心思，用碎花、波点、蝴蝶结等元素来打造粉嫩的少女风。

Q：日韩系的妆容该如何搭配美甲？

A：日韩系妆容注重渐层、晕染和丰富度，其妆容风格为甜美可爱、清纯俏丽，所以在美甲的选择上，适合渐变、多色混搭、多种元素堆积的样式。要避免挑选一些过于中规中矩的图案与呆板硬朗的线条，选择造型可爱、色彩饱满的美甲款式更符合妆容主题。

Q：欧美系妆容该如何搭配美甲？

A：欧美系妆容注重光影和线条，色彩浓郁，眼妆浓烈，适合现代感强、图案简洁而有力的美甲款式，其不需要太多元素堆积，也不宜同时使用过多的颜色，以免给人造成妆容与美甲色彩重叠的审美疲劳。整体构图应该松弛有度，不宜使美甲的图案太过于紧凑密集。

Chapter 6

让美甲成为穿搭
亮点的配色技巧

美甲的精髓归根结底在于色彩的搭配。专业
的美甲师能够随心所欲地画出不同风格的美甲款
式，其主要原因是对指甲油的色彩搭配恰到好处。
根据每天的穿着，用不同颜色的指甲油去点缀，
去升华整个造型，使美甲成为穿搭的点睛之笔。

让白色更纯洁的用法

　　最具包容性的白色几乎能与所有颜色相搭，展现出不同的气质。在白色的衬托下，其他色彩会显得更艳丽、更明朗。不用担心白色不够百变，纯真与诱惑、帅气与柔美等都是白色的性格。用极简主义的白色诠释巧妙的穿搭，展现出白色特有的魅力！

正确的搭配

　　白色具有明度高且能放大暖色的属性，与饱和度极高的大红色相搭时，能让彼此的饱和度与明度更好地展现。

错误的搭配

　　饱和度较低的粉色与白色相搭，对搭配的肤色非常具有挑战性。偏黑的皮肤搭配大面积的浅色服装，会让肤色更显暗淡。

白色搭配准则

　　白色美甲适合肤色白皙、指甲修长的人。除了与黑灰色的经典搭配，也适宜搭配饱和度高、光泽度好的绿色、红色、蓝色等，能凸显白色的明度，让白色更透亮。

让裸色更清透的用法

运用裸色的灵感来源于感性的嘴唇与脸庞，与皮肤的颜色很接近。轻薄的半透明质感的裸色在约会、职场和正式场合都能使用，并容易让甲面显得整洁，既能烘托出一种优雅的气质，又能表现出一种含蓄的感性魅力。

正确的搭配	错误的搭配
干净轻盈的白色与樱花粉色让裸色的质感更突出，使女人专属的知性甜美度也迅猛增长。	沉闷的棕色会让轻薄的裸色徒增厚重压抑感，让肤色更显暗淡。

裸色搭配准则

裸色是一种百搭的美甲颜色。用经典的黑色与白色彰显优雅的效果，这是非常不错的搭配，但要注意避免与浑浊色系或荧光色相搭。干净轻盈的美甲才能与裸色的气质更好地吻合。

让青灰色更有质感的用法

　　高雅而不夸张，柔和而不过于凝重的青灰色能给人带来高档的感觉。青灰色不像黑色与白色会明显影响其他的色彩，它可以与简约时尚的服饰相搭配，让人的气质显得高雅而摩登。

正确的搭配

　　循序渐进地使用黑白灰色，尽显干练的形象，比跳出鲜艳色彩的黑白配更自成一格。

错误的搭配

　　与灰色差异较大的荧光黄与青灰色相搭，强烈的差异感会让青灰色显得十分廉价。

青灰色搭配准则

　　青灰色比普通的灰色更有质感，但与跳跃性极强的色系搭配时会造成邋遢、不干净的错觉。青灰色的可变性很强，不同深浅度的青灰色能打造极富层次感的时尚穿搭。

让黑色更有个性的用法

　　作为风行多年的主流中性色，黑色的组合适应性极广，无论什么色彩（特别是鲜艳的纯色）与其相配，都能获得赏心悦目的效果。但是黑色不能大面积地使用，否则，不但其魅力大大减弱，还会产生压抑、阴沉的感觉。

正确的搭配

　　红黑色搭配是时尚界毋庸置疑的主角级装扮，完美演绎高贵的女神范儿。

错误的搭配

　　大面积的深色给人一种难以呼吸的压抑感，让整体造型显得沉重而老成。

黑色搭配准则

　　不要同时用三种以上的颜色和黑色搭配，否则黑色的突出烘托作用则无法体现。将黑色与粉红色、淡蓝色等柔和的颜色放在一起时，将失去强烈的收缩效果，变得缺乏个性。

让蓝色更明亮的用法

　　不同明度的蓝色会给人不同的视觉感受。浅蓝色系明朗而富有青春朝气感，深蓝色系深邃而大气、沉稳，而宝蓝色是一种稳重与活力并重的百搭色彩。神秘而富有贵族气息的宝蓝色总能产生一种特有的吸引力，其明度较高的特质能让肤色摆脱暗淡的黄色，展现皮肤的白皙光彩。

正确的搭配

　　高明度的白色适度地化解了宝蓝色的尖锐感，为宝蓝色的深邃注入了柔和感。

错误的搭配

　　偏暗的橄榄绿与黑色相搭，掩盖了宝蓝色纯净鲜亮的特质。

蓝色搭配准则

　　蓝色不适合搭配混沌的颜色。宝蓝色比天蓝色更稳重、大气，适合搭配明度较高且具有理性色感的颜色（如纯灰色、纯白色等），这会让宝蓝色的存在感更强。

让绿色更有生命力的用法

绿色具有蓝色所具备的平静的属性，也吸收了一些黄色的活力，它诠释着自由和平、新鲜舒适与无限的生命力，是一种具有高调和低调的双属性色彩。与绿色搭配的难度比较高，因此要注意遵循必要的搭配原则。

正确的搭配

白色让绿色的张力更突出，红色、橙色、黄色的点缀为全身造型注入了朝气与活力。

错误的搭配

同为冷色的绿色和蓝色是相搭配的禁忌，较暗的深蓝色让绿色的活力无法显现。

绿色搭配准则

清新的绿色带着欣欣向荣、健康的气息，再配上少许的红色，使整体造型具有生命力。但注意不要和宝蓝色、紫色、褐色相搭，否则会给人不伦不类的感觉。

让红色更高贵的用法

红色是我国传统的喜庆色彩，它象征着热情、性感、权威、自信，是种能量充沛的颜色。当你想要在大型场合中展现自信与权威感，在重要典礼中展现不俗的品位与地位，让红色美甲助你一臂之力吧。

正确的搭配

饱和度极高的红色在黑色的衬托中非常显眼，给人一种力量和高端的感觉。

错误的搭配

饱和度偏低的酒红色与本身饱和度极高的正红色搭配，会产生一种混沌杂乱的庸俗感。

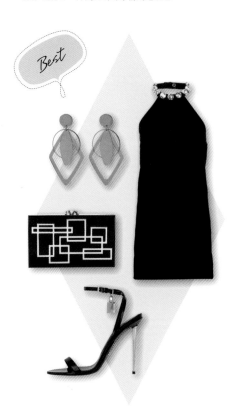

红色搭配准则

红色能令暗淡而保守的黑色、灰色更显个性，令其他亮色更鲜明。这种色彩特质让红色担任着有力色彩组合的主角。注意饱和度高的色彩才能和红色和谐共处。

让酒红色更有气质的用法

　　酒红色带着浓浓的复古气息，由红色和棕色巧妙配比而成，兼顾棕色的优雅和红色特有的活力，一直是明星竞相追捧的色彩。尽管时尚变迁得如此之快，但演绎风情万种的酒红色可以作为经典的代名词。

正确的搭配

　　黑色的气质结合酒红色的优雅，别致的图纹打破沉闷感，与指尖的色彩相呼应。

错误的搭配

　　明快的天蓝色及具有狂野性格的图纹与酒红色优雅内敛的气质相悖，令人产生不悦的违和感。

酒红色搭配准则

　　因为酒红色本身的复古意味，所以适合搭配复古色系（如海军蓝色、森林绿色等）的服饰，并和针织及毛呢面料完美融合，丝质衬衫与裙子也能完美呼应酒红色的优雅感。

让粉色更活泼的用法

含白色的高明度粉红色，象征着温柔、甜美、浪漫，没有压力，可以减弱攻击性，安抚浮躁，总是能俘获少女的芳心，几乎成为了女性的专属色彩。粉色能有效提升肤色的红润度，是皮肤白皙的女孩展现俏皮与甜美的不二选择。

正确的搭配

轻快的蓝色为粉色注入了明朗、活泼，全身轻盈的穿搭让粉色美甲成为抢眼的主角。

错误的搭配

厚重的驼色、红棕色与粉色的特质极为不符，这两种属性跨度较大的色彩是搭配的禁忌。

粉色搭配准则

粉色与紫色、蓝色搭配，能有效地中和粉色的甜腻感，给人活泼俏皮之感。尝试用条纹、圆点的形式来呈现粉色的表现力是升级的穿搭术！

让玫红色更显眼的用法

　　玫红色不同于粉色的甜美、柔和，它多了几分明媚与耀眼，是具有活力与朝气的暖色，存在感极强，一出场便能轻松成为主角。或活泼可爱，或妩媚动人，玫红色都能演绎出时尚感。

正确的搭配	错误的搭配

　　白色下装的调和让蓝色与玫红色也能和谐共存，并且让它们的明亮特质更突出。

　　将同为暖色的红色与玫红色相搭配，饱和度与色调都比较接近的特质会产生俗气、刺眼的不良效果。

玫红色搭配准则

　　玫红色要避免与其他暖色大面积搭配，高明度且具有相似成分的搭配会让整体造型轻重失衡，给人一种媚俗感，而搭配低调的冷色则更能凸显玫红色的张力和感染力。

让紫色更优雅的用法

　　紫色类似太空色彩，具有神秘的时代感，又象征着女性的高贵、典雅。深紫色给人一种富有和奢华的感觉，浅紫色则更多地给人一种春日气息与浪漫感。浅紫色融合了红色与蓝色，比粉色更精致、刚硬，优雅的格调呼之欲出。

正确的搭配

　　适量的白色与粉色的加入让神秘、摩登的紫色趋于纯净与柔和。

错误的搭配

　　高饱和度的橙红色搭配柔和的浅紫色会使橙红色显得暗淡，让浅紫色也变得毫无生机。

紫色搭配准则

　　紫色是排外性非常强的颜色，对带有棕色成分的颜色非常敏感，不能用具有同样特质的颜色与之配合。应选择包容性较强的黑、灰、白等颜色才能与紫色和谐搭配。

让黄色更有活力的用法

　　黄色代表着带给万物生机的太阳、活力和动感，是明度最高的色彩。鲜黄色被认为是最明亮、最具活力的暖色，可以增添快乐和愉悦感觉。身处在黄色系颜色的环境中，几乎不会感到沮丧。

正确的搭配	错误的搭配
黄色令橙色更显活力，并且能够迅速提升皮肤的白皙度，使明亮感造型完全展现！	黄色和蓝色是反差较大的颜色，含有黑色成分较多的墨蓝色会让黄色看起来很突兀、邋遢。

黄色搭配准则

　　黄色是一种提升型的暖色，可以与其他稍暗的柔和色搭配。不要用太多高亮度、高饱和、差异大的颜色与其搭配，否则会让整体造型像个刺眼的彩灯。

让橘色更突出的用法

橘色与红色同属暖色，具有红色与黄色之间的色性，如火焰与霞光，是温暖而突出的色彩。橘色同时具备温暖和提亮的色彩特质，充满活力，能打造出没有危险感觉的活跃气氛。

正确的搭配

白色增加了橘色的光亮特质，产生格外亮眼的整体效果。

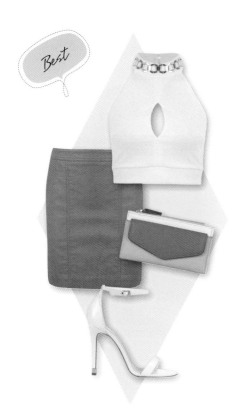

错误的搭配

橘色是由红色和黄色调和而成的，与其他高饱和暖色搭配，容易显得混沌、杂乱，让人眼花缭乱。

橘色搭配准则

橘色是由红色和黄色调和成的，应避免和其他高饱和度的暖色搭配，如红色、紫色等，否则容易显得混沌杂乱。黄皮肤的人不适宜使用橘色，否则会使肤色显得黝黑。

让咖啡色更摩登的用法

咖啡色是含一定灰色的中低明度的色彩，不太强烈，是同时具有文艺性和金属性双属性的中性色。无论休闲还是正式场合，咖啡色都很适合，但如果搭配不当，则会产生沉闷、单调、老气、缺乏活力的感觉。

正确的搭配	错误的搭配
带有强烈设计感的卡其色单品展现出咖啡色的金属性，同色系也能搭配出不一样的风格。	亮度过高的柠黄色与咖啡色的对比十分鲜明，给人一种明度反差强烈的视觉紧张感。

咖啡色搭配准则

肤色偏暗适合搭配偏红的咖啡色，白皙肤色更适合偏棕的咖啡色。咖啡色的亲和特质使它的搭配性更高，不妨试试与金属色相搭，让咖啡色也能演绎出潮味儿十足的摩登感。

让金色更高级的用法

　　金色具有其他色彩无法替代的贵气与华丽感。它具有极强的表现力，高贵而让人充满想象，同时因为它的个性张扬、难以驾驭而让人不敢尝试。金色使用多了难免感觉媚俗，少了又难以显得高贵，对金色拿捏有度才能彰显金色的质感与档次。

正确的搭配

　　黑色的基调平衡了金色的浓烈，金色的点缀为全身造型增添时尚感。

错误的搭配

　　明度极高的黄色掩盖了带有明亮特质的金色光泽，给人一种媚俗感。

金色搭配准则

　　带有光泽度的特质让金色在与其他颜色搭配时起到突出明度的作用，加入一定比例的黑色和亮度较低的亚光金色，会让金色更时尚而有质感。

让银色更炫目的用法

　　银色凝聚着科技感和未来感，是一种强势、摩登的颜色，能使人显得摩登、富有主见，是一种很有表达欲望的色彩。从色彩到轮廓，用线条构造空间美感，让银色更有存在感，打造线条与色彩的酷范儿！

正确的搭配	错误的搭配
用黑色、白色更能衬托银色的光泽，棱角分明的线条让银色展现的未来感十足。	将金属色运用于全身，会产生让人眩晕的杂乱感，而非炫目的时尚感。

银色搭配准则

　　用银色在全身造型上进行小面积的点缀，能起到画龙点睛的作用。如果大面积地使用银色则会显得浮华，并失去稳重感。